普通高等教育智慧海洋技术系列教材

海洋机器人系统安全概论

杨武　许晨　王焕然　吕继光　苘大鹏　编著

科学出版社
北京

内 容 简 介

本书结合海洋机器人的相关理论、技术、方法和应用，以深入浅出的方式全面介绍了海洋机器人系统的核心组成部分以及对应的安全问题，包含物理安全、主机安全、通信安全、组网安全、人工智能安全。由于不同章节间知识跨度较大，本书重点强调问题及对应的解决思路，弱化理论知识的描述，旨在为读者构建整体知识框架。

本书可作为高等学校海洋工程类、自动化类、计算机类、电子信息类专业的高年级本科生或研究生教材，也可作为相关领域科研人员的参考书。

图书在版编目（CIP）数据

海洋机器人系统安全概论 / 杨武等编著. -- 北京 : 科学出版社, 2024. 12. --（普通高等教育智慧海洋技术系列教材）. -- ISBN 978-7-03-080720-5

Ⅰ. TP242.3

中国国家版本馆 CIP 数据核字第 2024CS5081 号

责任编辑：余　江 / 责任校对：王　瑞
责任印制：师艳茹 / 封面设计：马晓敏

科学出版社 出版
北京东黄城根北街 16 号
邮政编码：100717
http://www.sciencep.com

三河市骏杰印刷有限公司印刷
科学出版社发行　各地新华书店经销
*
2024 年 12 月第　一　版　开本：787×1092　1/16
2024 年 12 月第一次印刷　印张：10 1/4
字数：249 000

定价：59.00 元
（如有印装质量问题，我社负责调换）

前　言

海洋机器人技术的研究自20世纪50年代起，经过数十年的发展与多学科交叉融合的推动，已取得十分显著的进展，拓展了人类对海洋探索的边界。尽管我国在这一领域起步较晚，但经过多年的摸索赶超，目前我国在海洋智能装备与机器人研究领域已达到国际领先水平，海洋科技创新取得突破性成果。党的二十大报告指出，我们要“发展海洋经济，保护海洋生态环境，加快建设海洋强国”，将海洋强国建设作为推动中国式现代化的有机组成和重要任务。

海洋机器人领域已经存在诸多优秀教材，从科学原理到具体实施等角度对相关技术进行了系统的梳理与组织，具有宝贵的学习价值。然而，需要注意到，海洋机器人安全风险也在同步增加。海洋机器人在极端复杂环境下进行作业，天然面临着多种安全风险。而随着科技的持续进步与任务难度的不断提升，也衍生出了针对海洋机器人的外部攻击方法，为海洋机器人系统的正常作业带来了极大的安全隐患。

目前，国内尚未有一本全面介绍海洋机器人系统安全的教材。为促进我国海洋机器人系统的安全发展，作者针对其核心组成部分与关键功能技术中存在的安全风险撰写本书。本书共6章，从海洋机器人的物理与主机设计，到通信与组网功能，以及最新人工智能技术多个层面，对当前研究现状、重要安全问题与对应的安全防护手段进行梳理，旨在为海洋机器人系统安全领域的研究与实践提供参考。另外，作者依托“智慧树”平台构建“海洋机器人系统安全概论”AI 课程(免登录网址 http://t.zhihuishu.com/a6qPEaG9)，提供课程图谱、问题图谱与能力图谱等，供读者从多维度、多层面理解知识点。

课程图谱
学习演示

第1章介绍海洋机器人背景与发展现状，并对海洋机器人系统及相关安全问题进行整体描述。

第2章介绍物理安全问题。海洋环境中存在着碰撞、腐蚀、密封不良、极端压力和能源消耗等问题，物理安全是海洋机器人能够在海洋环境中作业的前提。

第3章介绍主机安全问题。主机系统主要由硬件和软件两部分组成，是海洋机器人能够顺利作业的关键，需要对其中可能存在的传感器数据篡改与伪造、控制执行系统意外故障、应用程序漏洞等问题进行防护。

第4章介绍通信安全问题。水下通信存在多种挑战，当前主要采用的通信方式为水声通信，需要设计多种安全机制保证通信质量，以及防御多种针对通信协议的攻击。

第5章介绍组网安全问题。海洋机器人集群组网是重要发展趋势之一，需要设计高效的路由协议及定位与同步技术，并针对多种安全威胁进行防御。

第6章介绍人工智能安全问题。人工智能技术在海洋机器人的诸多场景中具有巨大的应用潜力，但由于算法、数据和模型中可能存在的缺陷与漏洞，需要相应的优化方法来保证系统的健壮性。

在本书编写的过程中，参考了众多国内外的书籍及网站资料，这些资料已在参考文献中一一列出。在此对所有资料的作者表示衷心的感谢。

由于作者学识水平的局限，书中难免存在疏漏之处，恳请广大读者提出宝贵的意见和建议。

作　者

2024 年 8 月

目　录

第 1 章　概述……1
1.1　海洋机器人概述……1
1.1.1　分类……2
1.1.2　特点及应用场景……7
1.1.3　国内外研究现状……9
1.2　海洋机器人系统及安全问题……14
1.2.1　系统组成……15
1.2.2　安全问题……16
1.2.3　发展趋势……19
1.3　本章小结……20
思考题……21
第 2 章　物理安全……22
2.1　海洋环境概述……22
2.1.1　海洋环境分类……22
2.1.2　海洋环境挑战……23
2.2　物理安全问题……25
2.2.1　碰撞问题……26
2.2.2　腐蚀问题……27
2.2.3　水密性问题……28
2.2.4　极端压力问题……29
2.2.5　能源问题……30
2.3　防护措施……30
2.3.1　材料设计……31
2.3.2　结构设计……35
2.3.3　功能设计……38
2.4　本章小结……40
思考题……40
第 3 章　主机安全……41
3.1　海洋机器人主机系统组成……41
3.1.1　传感器……42
3.1.2　控制器……44
3.1.3　执行器……45
3.1.4　芯片……45
3.1.5　软件……47

3.1.6 应用案例 …… 47
3.2 海洋机器人主机安全风险 …… 49
3.2.1 传感器数据安全风险 …… 49
3.2.2 控制器安全风险 …… 50
3.2.3 执行器安全风险 …… 51
3.2.4 芯片安全风险 …… 51
3.2.5 应用程序安全风险 …… 52
3.3 海洋机器人主机安全防护手段 …… 52
3.3.1 传感器数据安全防护 …… 53
3.3.2 控制器安全防护 …… 53
3.3.3 执行器安全防护 …… 54
3.3.4 芯片安全防护 …… 54
3.3.5 应用程序安全和应急响应 …… 58
3.4 本章小结 …… 63
思考题 …… 63
第 4 章 通信安全 …… 64
4.1 海洋机器人通信概述 …… 64
4.1.1 通信概念与组成 …… 64
4.1.2 水下通信环境与挑战 …… 65
4.2 海洋机器人水下通信现状 …… 66
4.2.1 水下通信方式 …… 66
4.2.2 水声通信关键技术与协议 …… 71
4.3 海洋机器人水声通信风险与防护 …… 79
4.3.1 水声通信的安全威胁 …… 79
4.3.2 水声通信的安全防护技术 …… 84
4.4 本章小结 …… 90
思考题 …… 90
第 5 章 组网安全 …… 91
5.1 海洋机器人组网概述 …… 91
5.1.1 组网的基本概念 …… 91
5.1.2 移动自组网的特点 …… 92
5.1.3 海洋机器人组网的拓扑结构 …… 94
5.1.4 海洋机器人组网发展现状 …… 96
5.2 海洋机器人组网协议与关键技术 …… 96
5.2.1 路由协议 …… 97
5.2.2 定位与时钟同步技术 …… 102
5.3 海洋机器人组网安全 …… 108
5.3.1 安全威胁 …… 109
5.3.2 防护措施 …… 111

5.4 本章小结……124
思考题……124
第 6 章 人工智能安全……126
6.1 人工智能基础……126
6.1.1 发展历史……126
6.1.2 学习范式……127
6.2 人工智能在海洋机器人系统中的应用……130
6.2.1 人工智能在物理结构设计中的应用……130
6.2.2 人工智能在主机系统中的应用……131
6.2.3 人工智能在通信系统中的应用……134
6.2.4 人工智能在集群组网中的应用……135
6.3 人工智能安全问题及防御措施……136
6.3.1 算法漏洞与防御措施……136
6.3.2 数据漏洞与防御措施……140
6.3.3 模型漏洞与防御措施……143
6.4 未来展望……147
6.4.1 海洋机器人系统中人工智能新兴应用……147
6.4.2 海洋机器人系统中人工智能安全未来发展方向……149
6.5 本章小结……150
思考题……150
参考文献……152

第1章 概 述

海洋是地球上最广袤而神秘的自然领域，覆盖面积超过地球表面的三分之二。作为生物多样性的宝库和维持地球生态平衡的核心力量，海洋在调节全球气候、支撑国际贸易、提供丰富的食物资源和能源等方面起着至关重要的作用。在人类历史的长河中，海洋一直是探索和发现的舞台，从古希腊的奥德修斯乘风破浪到哥伦布发现新大陆，探险者不断揭开其神秘的面纱。进入现代，人类的海洋探索活动变得更加科学。19 世纪中叶，著名的《海底两万里》激发了无数人对深海神秘生物的好奇心。随着科技的进步，各种先进的深海和遥控无人潜水器被成功研发，使得人类能够更深入地探索深海的未知区域。进入 21 世纪，随着国际合作的加强，海底考察项目不断涌现，科学家利用先进的遗传工程和生物技术，研究深海极端环境下的生命形式，探寻物种起源与历史演变过程。

海洋空间广袤，资源丰富多样。党的二十大报告指出："发展海洋经济，保护海洋生态环境，加快建设海洋强国。"将海洋强国建设作为推动中国式现代化的有机组成和重要任务。迄今为止，中国海洋传统产业转型升级加速，海产品产量多年位居世界第一，国际海运量超过全球海运量的三分之一，海洋工程装备总装建造进入世界第一方阵。同时，为加快推进海洋生态文明建设，最新修订的《中华人民共和国海洋环境保护法》于 2024 年 1 月 1 日起实施，并于 2024 年 7 月 11 日发布了《中国的海洋生态环境保护》白皮书，指出中国坚持新发展理念，推进生态文明建设，继续构建人海和谐的海洋生态环境，力求让海洋永远成为人类可以栖息、赖以发展的美好家园。

习近平总书记在 2018 年考察青岛时指出，"建设海洋强国，必须进一步关心海洋、认识海洋、经略海洋，加快海洋科技创新步伐"。就像宇宙探索依赖火箭和空间站，海洋探索也有其特殊的工具——海洋机器人。功能各异的海洋机器人各司其职，共同推动着海洋探索的边界。例如，中国的"蛟龙"号、"深海勇士"号、"奋斗者"号等载人潜水器可以下潜到未知的深渊，拍摄海底景象和神秘生物。通过依托海洋科研机构、创新实验室和观测站，海洋探索的每一步都深化了人类对这个星球的理解和敬畏，也逐渐揭示了地球生命的奥秘。

现在，海洋机器人技术迅猛发展，它们正迈向拥有更高的自主性、更强的适应性和更广的应用领域的时代，预示着未来海洋探索的新趋势和挑战。然而，随着海洋机器人系统组成应用的扩展，其安全问题亦显得尤为重要。深入探讨机器人在复杂的海洋环境中面临的安全挑战并采取相应的防范措施，对于推动海洋机器人技术的持续发展和广泛应用具有至关重要的意义。

1.1 海洋机器人概述

不同海洋机器人的设计目的和操作环境千差万别，根据不同的设计目的和操作环境，这些机器人被划分为多个类别，每类都针对特定环境和需求进行优化，以显示其独特的优势和适用场景。通过分析国际论坛、新闻报道及相关书籍，本节梳理了国内外研究机构、高校和企业在海洋机器人领域的研究现状，列举一些已达到成熟应用水平的机器人。

1.1.1　分类

海洋机器人(marine vehicle①, MV)，作为海洋科学、船舶工程、计算机类等多学科交叉的高级技术融合产品，专为海域环境而设计。海洋机器人可定义为在水面及水下移动，配备视觉和其他感知系统，通过遥控或自主操作，使用机械手或其他工具代替或辅助人类完成某些水面及水下任务的装置。它们具备在海洋表层至深海之间自由移动的能力，并能在极端气候条件下安全有效地执行复杂的海洋任务。海洋机器人在海洋研究、环境保护和国防等领域发挥着关键作用，显著推动了人类对海洋的深入理解和利用。

随着计算机、通信、材料科学、导航、控制和自动化等领域的持续进步，海洋机器人技术得到了迅速发展，并发展出多种功能类型，成为人类探索海洋的有效替代者。本节详细介绍了海洋机器人的主要分类，并进一步阐释了各类机器人的特定功能和设计特点，如图 1-1 所示。根据操作环境的不同，海洋机器人主要分为水面机器人和水下机器人两大类：水面机器人专注于水面作业，水下机器人则承担水下区域的探索任务。

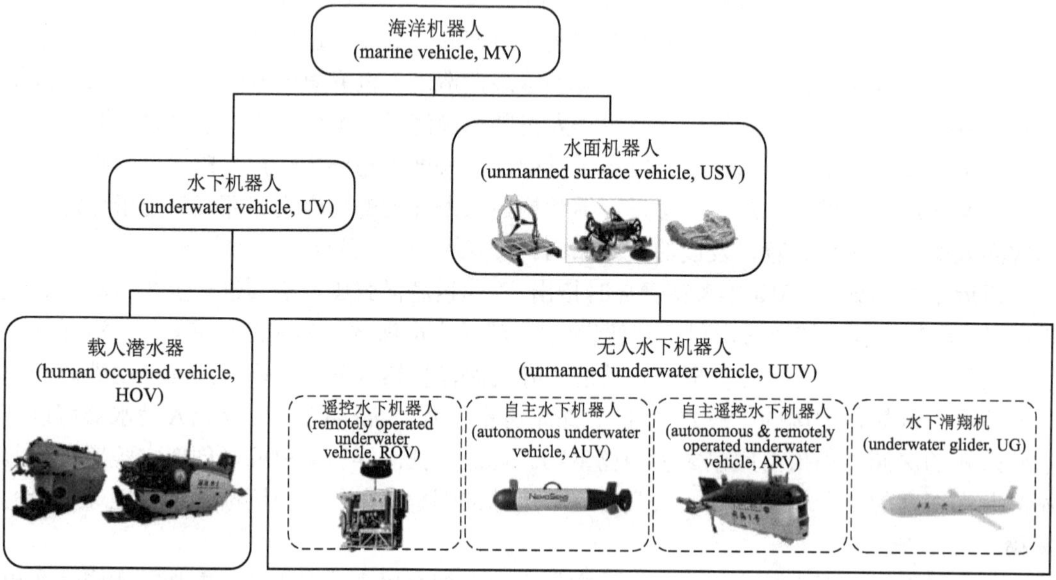

图 1-1　海洋机器人的分类

1. 水面机器人

水面机器人(unmanned surface vehicle, USV)是一种多功能无人航行器，在水面上执行各种任务。这类机器人在静止时浮于水面，运动时几乎持续与水面保持接触。它们具备自

① 中文术语翻译中，“vehicle”指具有运输功能的潜水器，“robot”则指模仿人类行为的机器人。源于海洋船舶技术的海洋机器人，必然具有海洋船舶运载功能和机器人仿人功能的双重属性。随着海洋机器人应用需求的多样化，“vehicle”根据上下文可译为“潜水器”或“机器人”，两者界限逐渐模糊，术语内涵趋于一致。

主导航、避障和环境探测等自动控制功能，能够通过远程通信执行指令，实现人工遥控和基于预设程序的自主操作。水面机器人能够在水上、水面及水下建立连接，因此在海洋资源开发和国家海洋权益维护方面发挥着至关重要的作用，并受到全球各大海洋强国的高度关注。水面机器人的应用领域广泛，包括样本收集、水质监测、水文测量、水面垃圾清理以及巡逻和救援等。

2. 水下机器人

水下机器人[①](underwater vehicle, UV)，又称为水下潜水器，是一种专门为水下环境设计的操作装置，能够替代或辅助人类在危险的海洋环境中执行特定任务。这类机器人的设计通常模仿潜水艇或水下生物的形态，利用仿生学原理以适应复杂环境。它们配备了多种传感器和其他功能系统，能够在高压和黑暗的深海环境中工作。它们不仅能够执行从深海环境测量、海底资源探测到水下物体回收等一系列民用任务，还能执行远程通信中继、水下侦察监视、反潜警戒和反水雷等军事支援活动。

水下机器人根据是否搭载人员[②]，进一步分为载人潜水器和无人水下机器人两大类别。载人潜水器由人直接操作，使科研人员能亲自进入海底进行观察与研究活动；而无人水下机器人是通过远程控制或自主算法系统独立执行任务的。这两种类型满足从人工操作到高度自主的多样化海底作业需求。

1) 载人潜水器

载人潜水器(human occupied vehicle, HOV)是一种由人类直接驾驶并操作的大型水下探测和作业平台，配备了生命保障系统和各类辅助设备，使其能够安全地下潜到深海。它们的主要用途是运送科学家和工程师以及他们所需的电子设备，以便他们可以迅速且准确地进入深海环境进行探索、科研和开发工作。研究人员能够直接从潜水器的窗口观察海洋内部，通过配备的机械臂采集生物和地质样本。同时，操作人员能够根据实时观察的现象迅速做出决策，有效应对各种挑战。

2) 无人水下机器人

无人水下机器人(unmanned underwater vehicle, UUV)，又称为无人潜水器、无人水下载具，以其安全、高效和灵活的特点被广泛用于执行深海任务。由于这类机器人无须载人，从而大幅降低了深海探索的风险和复杂性，特别适合承担长期、广域和深层的海洋作业。无人水下机器人的独特能力提高了深海操作的安全性与效率，使得人类能够访问并探索那些曾经难以触及的海洋深处。这类机器人在海洋科学研究、资源勘探和环境监测等多个领域展现了广阔的应用前景。它们能够携带各种传感器深入海洋，收集关键数据，拍摄清晰的水下图像。同时，无人水下机器人在环境监测中能够用来监控海洋污染以及评估生态系统的健康状况，为海洋资源的可持续开发利用提供支持。

---

① 在国内，相比于“海洋机器人”这一术语，“水下机器人”的使用更为常见。“海洋机器人”更强调其在水下和水面的广泛应用。但是随着科技的不断发展，水下机器人的能力也在不断扩展，它们不仅能够深入水下，还能在特定情况下执行水面任务。因此，“水下机器人”习惯突出水下操作范围的作用，这一术语更为人所熟知。

② 关于载人潜水器是否属于水下机器人的归类，学术界存在不同意见。主流观点支持其由于具备一定的自主操作能力(机械臂)，应归类为水下机器人，而另一部分认为其由人直接驾驶，不应列入。本章按照主流观点进行阐述，将载人潜水器视为水下机器人的一种。

探索海洋是一项长期且复杂的任务，通常依靠海洋科学考察船和各种海洋观测平台。无人水下机器人根据是否与水面母船或平台通过脐带电缆或光纤相连，分为遥控、自主和混合型三种作业模式，这些机器人通常分别称为遥控水下机器人、自主水下机器人和自主遥控水下机器人①。此外，水下滑翔机②是近年来常应用的一种新型无人水下机器人。以下将进行分别介绍。

(1)遥控水下机器人。

遥控水下机器人(remotely operated underwater vehicle, ROV)，也称为有缆水下机器人，通过类似"脐带"的脐带电缆与母船的控制台相连接。

这种机器人具有水下浮游的运动能力，其基本工作原理与载人潜水器类似，主要区别在于操作人员不在潜水器内部，而是通过电缆在水面进行遥控操作，成本相对于载人潜水器较低。母船通过脐带电缆传输动力能源和控制信号给机器人，同时接收机器人反馈的水下视频、图像和传感器数据等，以支持其持续执行水下任务。

著名的遥控水下机器人包括美国的"Jason"号、日本的"Kailo"号以及中国的"海龙Ⅱ"号与"海龙Ⅲ"号(图 1-2)。这类机器人能覆盖 3500～6500m 的深度范围，执行精确的水下探测和采样任务，即便在极端海洋条件下也表现出色。

图 1-2 "海龙Ⅲ"号遥控水下机器人

遥控水下机器人主要分成浮游式(水中自航)、拖航(拖曳)式和移动式(海底结构物上履带爬行)三种，通过电缆接收动力和控制信号，广泛应用于深海采矿、掩埋电缆等水下工程和科学考察等领域。对于复杂任务，如精确的水下采样和操作等，大型的遥控水下机器人通常会装备机械手。机械手使得机器人能够在水下执行如取样、安装或修复等精细操作，极大地扩展了其功能性和应用范围。

然而，电缆的存在虽然提供了必要的动力和数据支持，却也限制了遥控水下机器人的活动范围和灵活性。由于需要通过电缆与母船连接，意味着遥控水下机器人通常不能远离母船，限制了它们在较大海域的活动能力，使其多用于执行局部区域的定点观测任务。

① 无人水下机器人根据作业模式分为三类：无人遥控水下机器人、无人自主水下机器人和无人自主遥控(混合型)水下机器人，在语义明确的情况下通常省略"无人"二字。

② 关于水下滑翔机的分类，广义属于无人水下机器人的一个新种类，狭义认为它属于自主水下机器人的一个新分支。本章将水下滑翔机归类为一种无人水下机器人。

(2) 自主水下机器人。

自主水下机器人(autonomous underwater vehicle, AUV)，又称为无缆水下机器人或智能水下机器人，无须人工实时操控，依靠自身高度独立的动力系统和控制系统，完成如海底探测和调查采样等各种任务。由于这类机器人不受脐带电缆的约束，可以探索更深远的海域。它们的所有能源均来自机体内置的电池，因此设计时需要确保其外形具有良好的流线型，以提高在水下的行动效率。另外，研究人员从某些海洋生物中汲取灵感，成功研发出仿生型海洋机器人。这些机器人通常采用鱼形结构，不仅有栩栩如生的外形，还装备了先进的内置导航和决策控制系统，优化了水下移动性能。

自主水下机器人技术的进步已经催生了一系列杰出的应用实例，展示出其在多种复杂环境中的适应能力和高效性。例如，美国海洋研究所开发的“REMUS”系列机器人，凭借其小体积、低能耗和强大的续航力，专注于远程多任务环境监测；“Sentry”则能在避障的同时潜至6000m深，展现出高度自主和与其他潜水器的协同作业能力；中国的“潜龙”系列，特别是可潜至4500m的“潜龙三号”，进一步提升了深海勘探的能力，如图1-3所示。这类机器人在深海探索和数据收集方面做出了显著贡献，广泛应用于科研、商业和军事侦察领域。

图1-3 “潜龙三号”自主水下机器人

尽管自主水下机器人的高自主性已经为海洋科学研究开辟了更广泛的应用场景，但它们的作业时间和能力还是受限于内置能源的容量。

(3) 自主遥控水下机器人。

随着现代水下机器人技术的进步，研究人员越来越倾向于融合遥控水下机器人和自主水下机器人的优点，从而形成了自主遥控水下机器人(autonomous & remotely operated underwater vehicle, ARV)。这类水下机器人是技术最新的进展，它们成功地结合了自主和遥控的功能，不仅具备自主水下机器人的广域探测能力，能够独立执行探测、采样和监测任务，而且集成了遥控水下机器人精准操作的优势，能在不需要人工实时控制的情况下进行大范围的移动。当遇到需要精细操作或复杂情况时，操作人员可以通过脐带电缆或光纤远程遥控进行精确控制。这类机器人的独特结构，使其特别适合于需要同时进行广域探索和精确操作的应用场景，如深海沉船打捞和海底基础设施状况检查等。

此外，自主遥控水下机器人展现出极高的灵活性和效率，为海洋科学研究和海洋资源开发提供了强大的技术支持，进一步扩展了海洋探索的可能性。例如，美国的“Nereus”和法国的“Ariane”机器人展示了它们在深海科学探索和极端环境作业中的卓越能力；中国的“北极 ARV”和“海斗”号(图 1-4)分别在极地海冰监测和深渊科考领域取得显著成就，不仅展示了全海深探测技术的实际应用，也为深海生态和资源勘查开辟了新的可能。

图 1-4　“海斗”号自主遥控水下机器人

(4)水下滑翔机。

水下滑翔机(underwater glider, UG)，又称为水下滑翔型无人潜航器，是一种无动力驱动[①]的水下机器人，它们通过内部浮力变化和姿态调节来控制滑翔动作，主要用于执行长期的海洋环境监测任务，如测量水温、盐度和海流方向等。水下滑翔机配备有低功耗的浮力发动机和高效的翼型结构，能够在广阔的海域进行持久的深海探测，并适应复杂的水下环境。一个突出的例子是中国的“海燕-X”水下滑翔机，它在 2020 年创下了 10619m 的下潜纪录，采集了宝贵的深海数据，如图 1-5 所示。

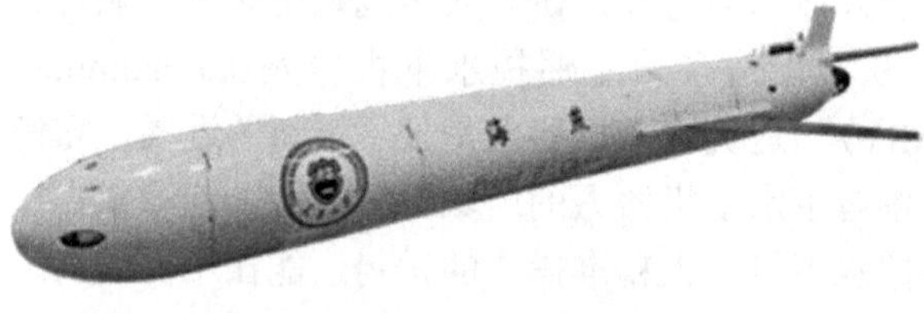

图 1-5　“海燕-X”水下滑翔机

① 无动力驱动是指不使用常规的动力机械系统(如发动机或电机等)产生动力。水下滑翔机通过调整压载水的量，利用浮力差异控制自身的平均密度时而高于或低于周围水的密度，借此实现下沉或上升，从而在几乎完全静音的状态下完成长距离和长时间的水下滑翔。

随着技术的进步，深海水下滑翔机的开发成为研究的新趋势，其在海洋科学、军事和经济等领域的应用变得日益重要。特别是在军事领域中，由于其隐蔽性、长续航能力和多功能传感器的装载能力，水下滑翔机能够替代潜艇等传统水下平台，执行侦察、反潜等任务。尽管存在如载荷和探测能力限制以及水面附近操作的隐身性和易损性问题，但人们正在通过技术创新和设计改进逐步克服这些困难，这预示着水下滑翔机未来在全球海洋任务中将发挥更大的作用。

1.1.2　特点及应用场景

海洋机器人作为海洋科技领域的璀璨新星，引领了深海探险和持续性海洋监测的新纪元，在科研、资源勘查及环境监测等领域扮演核心角色。这些机器人不仅在技术创新方面处于领先地位，还推动了对深海未知区域的系统探索，加速了海洋资源的可持续开发与利用，为海洋事业注入新能量。

1. 海洋机器人特点

复杂的海洋环境和多样化的作业为海洋机器人提出了多种要求。为了保证任务的顺利实施，海洋机器人通常需要具备下述特点。

1）环境适应能力

海洋机器人采用高性能材料和创新结构设计，展现出极强的深海适应性，能在高压和低温的极端环境中稳定工作。

2）智能导航与决策能力

随着计算机科学的进步，海洋机器人装备了高度复杂的数据处理系统和先进传感器，实现自主导航与决策。这些机器人能够利用算法分析传感器数据，进行精确定位和高效任务规划，无须人类直接干预即可独立完成任务。

3）多样化任务执行能力

海洋机器人采用高度模块化的设计，集成了多元化的传感器与执行技术，将功能严格界定于特定模块内，确保了系统的通用性与灵活性，使机器人能够高效执行海底地形测绘、生物多样性样本采集以及海洋环境全面监测等多样化复杂任务，有效支撑科研的持续进展。

4）持久作业能力

海洋机器人，特别是水下滑翔机，由于其设计上的无动力驱动和耐久性，具有持久的作业能力。尽管其他无人水下机器人的能源有限，但是它们通常配备有高效的能量利用和回收系统，进而实现长时间作业。

5）远程操作能力

海洋机器人通常配备先进的通信系统，允许操作者从远程控制中心进行精确控制。这一特点使得机器人可以在人类难以到达的地方执行任务，如深渊探测或极地冰川下作业等，同时降低人员在极端环境中的风险。

2. 海洋机器人主要应用场景

作为当前海洋科技领域的研究热点，海洋机器人的独特特性赋予了它们在海洋探索与开发利用中广泛的应用潜力。这些机器人凭借卓越的环境适应性、先进的智能导航与决策系统、任务执行的多样化、持久作业以及远程操作等特点，能够胜任各种复杂海洋任务。目前，海洋机器人的主要应用场景包括但不限于以下几个方面。

1）海事调查

海洋机器人在海难事故调查中能深入沉船或坠机现场进行勘查，为调查提供第一手资料。同时，针对走私犯罪，这些机器人还能对可疑船只进行水下检查，协助执法部门打击违法行为，并可对海底走私沉物进行搜寻打捞，为查证提供物证。在港口安全方面，海洋机器人可对船舶、港口设施进行全面排查，及时发现并报告安全隐患。此外，这些机器人还参与海上遇险协助搜救，利用仿生探测等技术调查渔业资源，并搭载各种传感器监测海洋环境，为海洋沉船打捞、海洋环保研究等提供数据支撑。海洋机器人凭借其灵活、高效、安全等特点成为海事调查中不可或缺的装置。

2）资源勘探

在海洋资源勘探中，海洋机器人配备了多波束测深仪、侧扫声呐、浅地层剖面仪等设备，能够对海底地形地貌和沉积构造进行高精度的测绘，从而为海底油气及其他矿产资源的勘探提供关键的地质数据。此外，深海采矿机器人能够对热液硫化物、富钴结壳、锰结核等矿产资源进行详细的勘查和评估，通过配备的水下摄像头、多波束测深仪和γ能谱仪等设备，实现矿产资源的可视化探测和实时分析。在天然气水合物的勘探中，机器人能够识别和取样海底沉积物中的水合物，并通过钻探取芯获取样品，提供准确的资源评估。同时，它们也能长期监测潮汐、波浪和海流等海洋动力环境，为海洋可再生能源的开发提供基础数据支持。海洋机器人还在海水淡化资源评估和海洋生物资源调查中展现了其独特的应用价值。随着技术的进步，海洋机器人在资源勘探方面的应用将更加深入，提高勘探效率和降低风险。

3）水文调查

在水文调查领域，海洋机器人可搭载多种传感器，对海水温度、盐度、pH、溶解氧、叶绿素等参数进行实时监测，获取海洋环境的基础数据。同时，海洋机器人还可通过声学多普勒流速剖面仪等设备，对海流的流速、流向等进行剖面观测，研究海流的时空分布特征。在海底地形测绘和水下地质调查方面，水下机器人可搭载多波束测深仪、侧扫声呐等设备，对海底地形进行高精度测绘，并通过取样和原位测试获取海底沉积物、岩石等地质样品。深海观测机器人可在海啸多发区布放，实时监测海水的压力变化，为海啸预警提供关键数据。在极地和河口等特殊环境中，冰下机器人和河口观测机器人可发挥其独特优势，开展水文环境监测和采样。海洋机器人凭借其机动灵活、连续观测等优势，开展长时间、大范围的水文调查作业，为海洋科研和工程建设提供高质量的基础数据。

4）海事基础设施监测和维护

海洋机器人可以对海上风电、海底电缆、海底管线等海事基础设施进行日常巡检和维护。利用机器人的水下机动性和探测能力，可以及时发现设施损坏、泄漏等隐患，并进行原位修复或更换，保障设施的安全运行。相比传统的人工巡检，海洋机器人可以显著提高巡检效率，降低维护成本和人员风险。海洋机器人在海事基础设施监测和维护领域有多种应用场景。水下机器人可对港口和码头的水下结构进行定期巡检，通过高清摄像和声呐等传感器获取结构的图像和数据，评估结构的完整性和安全性。桥梁检测机器人可利用视觉、激光等传感器对海上桥梁进行定期巡检，检测桥梁的结构健康状况。海上风电场监测机器人可对风机基础、塔筒等结构进行巡检，利用多传感器融合技术全面评估风机的健康状况。海缆巡检机器人可沿海底电缆行驶，及时发现破损、断裂等故障。海洋观测设施维护机器人可执行浮标、潜标等设施的清洁、电池更换、数据回收等任务。水下机器人还可对人工鱼礁进行监测，评估其生态效果和结构稳定性。海洋牧场巡查机器人则可实现对海洋牧场的自主巡查，监测鱼群健康和设施运行状况。随着海洋机器人技术的进步，有望在更多海事基础设施监测和维护中发挥作用，提高海洋工程的安全性、可靠性和经济性。

5) 军事应用

海洋机器人在军事领域具有广阔的应用前景。在情报侦察方面，海洋机器人可执行隐蔽的情报收集任务，实现对海上目标的监视和跟踪；在反水雷和反潜作战中，海洋机器人可用于水雷探测与清除，以及潜艇探测与跟踪，大幅降低人员伤亡风险；在海上安保和两栖作战领域，部署海洋机器人可加强对港口、海上设施等重要目标的巡逻监控，并协助执行海滩侦察、登陆突击等任务；在海上运输和通信中继方面，海洋机器人执行物资运输任务，还可作为通信中继平台，扩展舰队通信范围；在电子对抗领域，搭载电子对抗设备的海洋机器人可实施电磁干扰。海洋机器人将在提升海军作战能力、降低人员风险等方面发挥重要作用，但其发展仍面临技术、法律、伦理等诸多挑战，需要在发展过程中予以重视和应对。

1.1.3　国内外研究现状

海洋机器人是当前全球海洋科技领域的研究热点，代表了新一轮科技革命和产业变革的发展趋势。世界各海洋大国都将海洋机器人视为抢占未来海洋科技制高点的关键，因此纷纷加大科研经费的投入，力图在这一前沿领域占据先机。

在国际舞台上，美国、欧洲和日本在海洋机器人研究领域起步较早，研究实力雄厚。美国的伍兹霍尔海洋研究所、麻省理工学院计算机科学与人工智能实验室以及美国海军研究生院智能水下运载研究中心等机构，在海洋机器人研发方面处于国际领先地位。英国国家海洋学中心、德国基尔亥姆霍兹海洋研究中心、加拿大国际潜艇工程有限公司和日本海洋科学技术中心等也表现出了活跃的研究态势。这些国家研制的海洋机器人广泛应用于海洋环境监测、海底地形测绘、水下遗址和军事侦察等多个领域。

相比之下，中国的海洋机器人研究虽起步较晚，但发展迅速。在国家科技计划如“863计划”以及“十五”到“十四五”规划的推动下，一批研究机构和高校积极开展了海洋机器人关键技术攻关和产业化应用，如中国科学院沈阳自动化研究所、中国科学院声学研究所和中国船舶重工集团公司的多个研究所，以及哈尔滨工程大学、上海交通大学和西北工业大学等高校。此外，一些企业也大力投入海洋机器人的研发，成为中国海洋机器人产业化的主力军，如深之蓝海洋科技股份有限公司、北京博雅工道机器人科技有限公司、深圳潜行创新科技有限公司等。

在这些研究所、高校和企业的不懈努力下，中国海洋机器人事业取得了长足发展，为建设海洋强国、维护国家海洋权益、开发利用海洋资源和推进生态文明建设提供了坚实的科技支撑。

1. 水面机器人研究现状

1) 国外研究现状

水面机器人的发展可追溯到第二次世界大战中用于清除障碍物的水面无人舰，随着智能化控制、导航技术的发展，水面机器人开始吸引越来越多的注意力。美国是较早研制水面机器人的国家，在20世纪90年代研制出了“USV-Owl MK II”并将其用于军事作战。英国的L3 ASV公司研制出“C-Worker 4”，续航时长可达48h，用于近海和湖泊的测量。2011年，日本的Eco Marine Power公司开始研制采用太阳能和电能混合动力的水面机器人“Aquarius USV”，如图1-6所示。此外，其他国家也研制出了一些成功的水面机器人。以色列国防部研发了一些用于用户反恐、防卫等领域的军事水面机器人，如“保护者(Protector)”系列等。此外，法国也研制出了“Rodeur”和“Basil”水面机器人并将其用于海上环境调研。

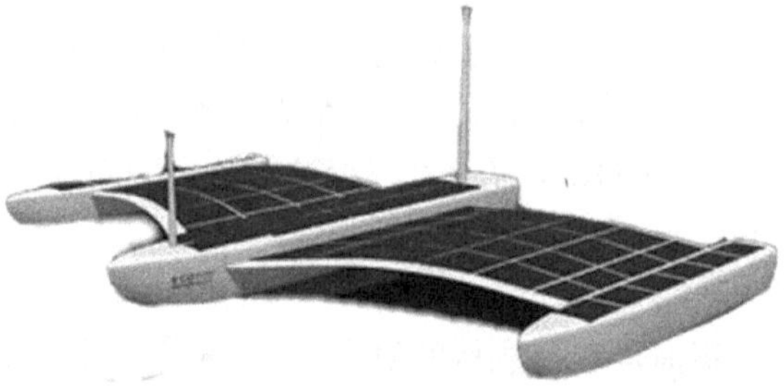

图1-6 “Aquarius USV”水面机器人

2) 国内研究现状

中国水面机器人研究起步较晚。2003年，中国科学院沈阳自动化研究所研制出中国第一台水面救助机器人“飞鱼号”，虽不能载人，但可以拖着救生圈或绳子抵达落水者或遇难船只处。2008年，中国航天科工集团有限公司和中国气象局研制出为北京奥运会青岛奥帆赛提供气象保障服务的无人机器人船“天象一号”。2009年，由哈尔滨工程大学牵头系统深入地开展了水面机器人技术研究，取得一系列重要突破，成功研制出“XL”号水面机器人，该机器人具备自主航行、危险规避、目标探测能力。2017年，哈尔滨工程大学又成功研制出具有复合动力的水面机器人“天行一号”，其最高航行速度可达50n mile/h (1n mile=1.852km)，最大航程可达1000km，可自主完成多种水文调查任务，如图1-7所示。

图1-7 “天行一号”水面机器人

随后，哈尔滨工程大学又成功研制出多艘无人艇，如“天行七号”“文鳐号”等，在水面环境自主感知、多任务自主决策规划方面取得了丰硕成果。2020年，珠海云洲智能科技股份有限公司自主研发生产“海豚1号”水面救生机器人；2024年，升级后的水面救生机器人“海豚3号”最大拖曳能力达1t，航速可达到7m/s。

2. 水下机器人研究现状

1) 国外研究现状

国外对水下机器人的研究起步较早，且发展迅速，在水下机器人的核心领域拥有众多专利和关键技术。早期，受制于通信和计算机技术的发展，研究主要集中在水下载人潜水器。1890年，美国发明家西蒙·莱克制造了世界上第一台载人潜水器“Argonaut the First”。自此，水下载人机器人的发展拉开序幕。1960年，由瑞士设计、意大利制造的深海潜艇“Trieste”号载人潜水器在世界上最深的马里亚纳海沟下潜10916m，创下了载人潜水器下潜深度的世界纪录。“Alvin”号是一艘历史悠久的载人潜水器，自1964年开始，经过2004年的重大改造后，从最初设计的作业下潜深度4500m增加至6500m，执行了约4000次潜水任务，并带领超过2000名科研人员进行深海探索。

随着通信及计算机技术的发展，水下机器人的研究主要转为无人水下机器人。1960年，美国研制出首台无人水下机器人，命名为“ROV-CURV Ⅰ”。1966年，美国军方研制的“CURV Ⅱ”水下机器人在西班牙外海成功打捞出一枚丢失的原子弹，这一事件使得水下机器人技术开始得到广泛的关注和重视。后续经历了数次演变与技术更新，催生出了“CURV Ⅱ-B”“CURV Ⅱ-C”“CURV Ⅲ”以及最新一代“CURV-21”遥控水下机器人，被美国海军广泛应用于深海打捞作业中。1970年后，无人水下机器人的产业开始初步形成，并广泛应用于多个领域，包括海洋研究、海上油气开发以及矿物资源的调查等。这些应用标志着无人水下机器人技术的实际运用和行业的发展。

尽管无人水下机器人控制简便、成本低，但脐带电缆限制了其活动范围。为弥补这些缺点，自主水下机器人应运而生。20世纪50年代末期，美国华盛顿大学的应用物理实验室研制了世界上首台无缆自主水下机器人“SPURV”，它主要用于水文调查。“SPURV”的研制标志着自主水下机器人历史的开始，随后出现了众多的自主水下机器人，但受技术限制，早期的自主水下机器人大多体积大、成本高，且功能有限。

进入20世纪80年代，计算机技术、电子技术和传感器技术的快速发展推动了自主水下机器人的进步。其中，美国海军研究生院和金枪鱼机器人技术公司合作研制的“Bluefin”系列成为商业化的成功案例，主要应用于探雷和灭雷。到了2006年，新型“Bluefin-9”广泛用于反水雷和浅海勘探，其设计允许两人在小船上快速操作和执行任务。同年，美国海军启用基于自主水下机器人的探雷系统，核心设备为两个装备有高级声呐传感器的“Bluefin-12”，“Bluefin-12”以其操作简便、强大的续航和载荷能力而著称。通过持续不断的研究开发、设计优化及版本迭代，后续推出的“Bluefin-21”(图1-8)能够在深达4500m的海域中执行多样化任务，如海洋调查和科考等，其高度集成的系统和简易的操作方法使其在全球水下机器人技术中占据领先地位。

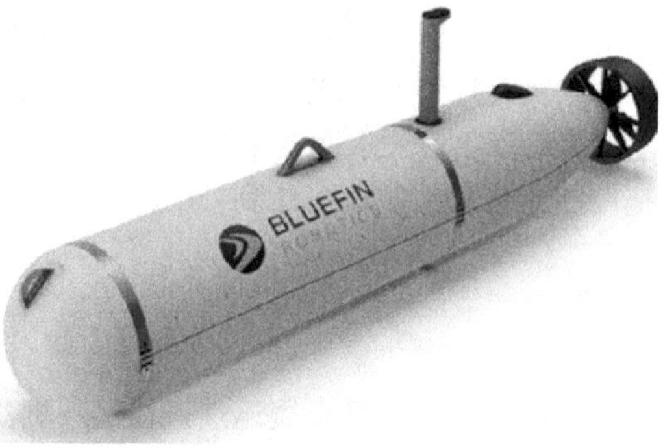

图 1-8　“Bluefin-21”自主水下机器人

1996 年，英国南安普敦国家海洋中心开始研制“Autosub”系列自主水下机器人，用于海洋环境科学研究。同年，美国伍兹霍尔海洋研究所研制了“ABE”用于海洋科学调查任务。同时期，加拿大 ISE 公司研制了“Theseus”，用于极地冰下铺设光纤作业任务。

进入 21 世纪，自主水下机器人在机动性、续航力、智能化方面得到了进一步发展。2001 年，美国波音公司研制的“Echo Ranger”可以到达 3000m 的深海区，并且可以在海底连续航行数月。2003 年，日本海洋科学技术中心研制的“浦岛”号水下机器人于 2005 年创下了连续航行超过 300km 的世界纪录。2005 年，美国宾夕法尼亚州立大学应用研究实验室研制了“海马”自主水下机器人，该机器人可以在水下连续工作 125h。2007 年，南安普敦国家海洋中心研制的“Autosub 6000”成功下潜到 4556m。

近年来，一批深海机器人相继问世，如日本研制的“R2D4”、美国的“Bulefin-21”和“REMUS 6000”、挪威的“HUGIN 4500”等，它们用于海洋资源调查、海底地质勘测、水下搜索等深海作业。2011 年，“REMUS 6000”在搜寻失事客机 AF447 的行动中成功找到了飞行事故记录器，彰显了自主水下机器人在深海搜救领域的重要作用和广阔应用前景。2014 年，“Bluefin-21”参与了备受全球瞩目的马航 MH370 搜寻工作。2017 年，美国 Oceaneering 公司开始研制“Freedom”水下机器人用来进行海底管道检测。2018 年，加拿大 Cellula 公司研制出“IHAUV”自主水下机器人，进行水下观测。

2) 国内研究现状

与美国、英国等西方国家相比，国内水下机器人研究起步较晚，从 20 世纪 80 年代开始研制与应用工作。1985 年，中国科学院沈阳自动化研究所和上海交通大学研制出中国首台水下机器人“海人一号”，它被用于海洋石油开发、打捞救生等。1987 年，中国科学院沈阳自动化研究所又研制了第一台海底爬行类遥控水下机器人“海蟹”号。此外，在 2000 年又研制了“海星 300”无人水下机器人，以及 2003 年研发的中国首台极地科考无人遥控水下机器人“海极”号。2006 年，研制出“海星 1000”，这也是中国首台可在水下 1000m 海域作业的产品。2016 年又研制出可在水下 6000m 科考作业的“海星 6000”。此后，国内的科研人员发现技术受限，想要研发使用光纤来代替原本很粗的脐带电缆，在有限的范围内可以装更长的光纤，保证机器人操作范围更广。

经过几十年的发展，国内在自主水下机器人研制方面也取得了长足进步，20 世纪初研制的“探索者”号自主水下机器人可下潜到水下 1000m。中国科学院沈阳自动化研究所联合各单位相继研制了 6000m 无缆自治水下机器人“CR-01”和“CR-02”。2011 年，国内开始启动研制 6000m 的自主水下机器人“潜龙一号”，如图 1-9 所示。经过两年的不懈努力，“潜龙一号”于 2013 年顺利完成了海上试验。“潜龙一号”长 4.6m、重 1500kg，续航能力可达 24h，巡航速度稳定在 2n mile/h，主要用于海底地形测绘、水文参数测量等任务。

图 1-9 “潜龙一号”自主水下机器人

2021 年，由哈尔滨工程大学研制的“悟空”号自主水下机器人，创造了非凡的成就，如图 1-10 所示。它先后完成了 4 次达到或超过万米深度的下潜，最深下潜深度达到 10896m，超过俄罗斯“Vityaz-D”号于 2020 年创造的 10028m 的自主水下机器人潜深的世界纪录。这项成就不仅显示了“悟空”号在深渊环境下的卓越性能，还使其成为能探测地球所有海洋区域的机器人。“悟空”号能在距离母船 15km 的深海距离中，实现高达 2003Kbit/s 的上行峰值通信速率，数据包接收正确率超过 93%，展现出其优异的通信性能。

图 1-10 “悟空”号自主水下机器人

2023 年，哈尔滨工程大学研制的“星海 1000”号极地探测自主水下机器人，随中国第 13 次北冰洋科学考察队乘坐“雪龙 2”号极地科考破冰船，成功完成了 78 天的科学考察任务，如图 1-11 所示。在此次任务中，“星海 1000”号首次进行了北极海冰底部形态的观测试验，探测了大约 $7000m^2$ 的冰下冰形冰貌。此外，该机器人还成功获取了 4 个点位的冰水界面海水流速和流向信息，从而收集了冰下关键的海洋参数信息，为丰富北极海洋信息数据库提供了重要数据和支持。这些突破性成就标志着中国在水下机器人技术领域的显著进步，为深海探索和研究开辟了新的篇章。

图 1-11　“星海 1000”号极地探测自主水下机器人

除此之外，中国的载人深潜技术经历了三个重要的发展阶段，标志性的进展体现在“蛟龙”号、“深海勇士”号和“奋斗者”号三艘深潜器的历史性突破。“蛟龙”号的成功标志着中国首次完全自主设计和综合集成，开启了自给自足的闭环，创下了 7062m 的潜水纪录，能在超过 99.8%的全球海域进行深海资源研究与勘查，如图 1-12 所示。“深海勇士”号在自主控制和支持设备的国产化上取得了重大进展。而“奋斗者”号是中国深潜技术的顶峰，这是全球第 4 艘能达到全海深(万米级深度)的载人潜水器，于 2020 年成功下潜到马里亚纳海沟，创下了 10909m 的纪录。

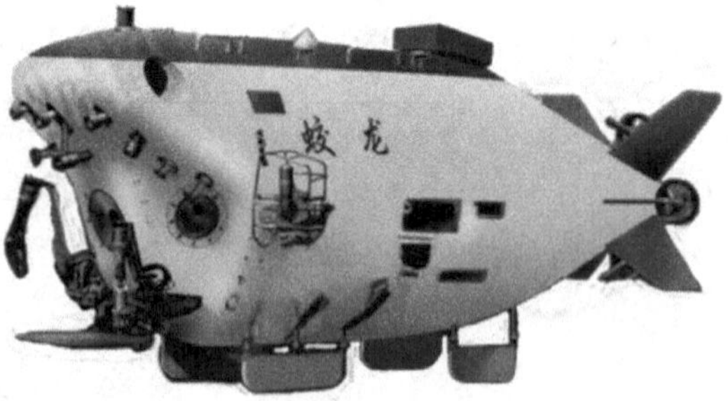

图 1-12　“蛟龙”号载人潜水器

中国科学院深海科学与工程研究所的专家强调，未来将持续发展船-潜、有人-无人协同作业技术，并完善海上应急响应体系，以推动深潜科学研究取得更多创新成果。这些努力都表明，中国在追求海洋科技高峰的过程中不仅是解锁深海的“新钥匙”，更是在全球海洋科学与技术领域中展现领导力。

为了简化表述，在本书的后续章节中，将不再沿用传统的分类方法单独区分遥控、自主或混合型等水下机器人，这些类型将统一归类为“水下机器人”。此外，本书也将不再区分机器人是否载人，无论是载人还是无人，统一称为“海洋机器人”。这些术语的统一使用旨在简化讨论，并反映出海洋机器人技术在不断融合和演变的现实。

1.2　海洋机器人系统及安全问题

海洋机器人并非单一的技术产物，而是一个高度集成、协同工作的完整系统。这一系统由多个关键部分组成，每个部分都各司其职，共同执行深海探索任务。面对复杂多变的海洋环境，对海洋机器人系统提出安全需求尤为迫切。本节将聚焦于海洋机器人系统的内在构成，深入剖析其面临的相关安全挑战，为研发更加安全、高效的海洋机器人系统提供坚实的理论支撑与实践指导。

1.2.1 系统组成

在海洋机器人系统中，每一个组成部分都不可或缺。首先，谈及海洋机器人的“躯体”，即其物理层面，是机器人存在的基石。这一层面融合了抗压、防腐蚀与耐低温等多重特性，如同身披铠甲的勇士无惧海洋的狂澜，进而适应多变的海洋环境。

其次，主机层面作为“大脑”，是海洋机器人的控制中枢。它汇聚了强大的处理能力与灵活的接口，如同一位高瞻远瞩的指挥官，无论是面对复杂的任务需求，还是紧急情况下的迅速应变，主机层面都要确保多样化任务的高效执行。

通信层面，则是海洋机器人与外界沟通的桥梁，承载着“声音”的重任。它实现了远程控制与监测的奇迹，使操作人员即便身处海上母船，也能如同亲临现场一般，指挥和调整机器人的动作，如同远程操控的魔术师。

组网层面如同一个大型的“社交网络”，通过构建一个高效、可靠的数据传输网络，确保海洋机器人在持久作业中能够保持信息的畅通无阻，实现长时间稳定作业与实时信息传递的无缝衔接。

最后，人工智能层面作为“智囊团”，为海洋机器人注入了智慧。它运用先进的算法、多传感器数据分析、自主决策及目标检测等先进技术，不断优化和提升机器人的性能。在这个层面，机器人仿佛拥有了一位经验丰富的导师，不断地探索未知、突破极限，向着更加智能、更加高效的目标迈进。

因此，海洋机器人系统通过物理、主机、通信、组网和人工智能层面的紧密协作，如图1-13所示，满足了在各种环境中高效工作的要求，提供了全方位的指导和参考。

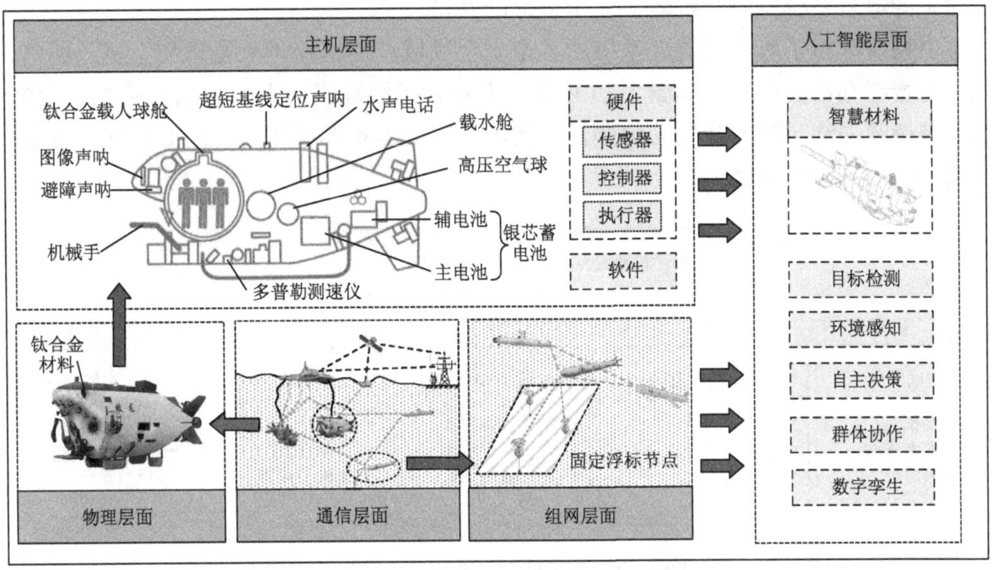

图1-13 海洋机器人系统架构和组成部分

海洋机器人的物理设计关键在于其能够适应苛刻的海洋条件。机体结构通常使用耐腐蚀和高强度材料构建，并经过特殊设计以承受深海的压力，同时采用防水密封技术保护内部电子组件。这些设计不仅提升了机器人的环境适应性和物理防护能力，还确保了其在极端条件下的稳定操作。

主机系统是海洋机器人的核心，由硬件和软件两部分组成。硬件负责环境感知、数据处理和任务执行，软件则负责协调硬件的运行、路径规划和任务控制。这些配置使得机器人能够高效地处理传感器数据、执行复杂的控制算法，从而实现对机器人的全面控制和有效管理，确保其能够顺利完成各种特定任务。

通信系统使海洋机器人能够与外界以及其他机器人有效交流，主要涉及无线水下通信等技术的使用，这些技术确保数据能够在海洋深处与地面或船面之间实时传输，是信息获取和任务操作的关键保障。在多机器人协同作业的场景中，有效的组网技术是必不可少的。组网技术负责实现海洋机器人系统之间的有效连接与协同工作，不仅提升了海洋探测、监测及作业任务的效率和准确性，还增强了整个系统的灵活性和可靠性。

人工智能技术在海洋机器人中用于增强决策能力，使机器人能够进行自主导航、障碍物避让和任务规划。人工智能技术依赖于高质量的数据、先进的算法和模型设计，使得机器人可以实时解析环境数据，做出快速反应，并优化操作策略。

通过这些层面的综合设计和技术应用，海洋机器人能够在广阔而复杂的海洋环境中发挥最大的效能，为科学研究和资源开发提供强有力的技术支持。

1.2.2 安全问题

尽管海洋机器人技术促进了海洋探索与开发，带来显著的经济效益，但其操作特殊性也引发了多种安全问题。过去几十年里，中国在海洋环境安全保障上已取得理论与实践的双重突破，但无论是机器人设计、任务执行过程的操作安全，还是数据传输的信息安全，每个环节仍存在潜在风险。面对海洋环境的不可预测性和深海作业的复杂性，加速技术与安全保障的融合是确保海洋机器人安全运行的关键。

本书系统分析了海洋机器人系统的各个安全领域，逐级探讨从物理到主机、通信、组网及人工智能存在的问题，如图 1-14 所示，并揭示了海洋机器人面临的多层次安全挑战。通过强调持续关注与技术开发的重要性，展示了安全体系多层次防御的必要性，也增强了对新威胁的适应与响应能力。

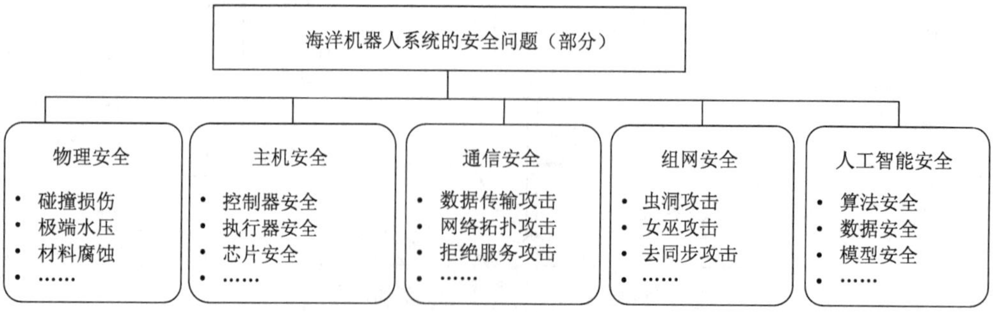

图 1-14　海洋机器人系统的安全问题

正因为这些部分构成了海洋机器人系统的核心，每一环都至关重要，所以确保这些系统的安全性成为必不可少的关注点。这不仅涉及保持机器人的操作效率和功能性，更关乎保护其免受各种潜在威胁的危害。海洋机器人系统是多层次的，包括物理设计、主机系统、通信技术、组网能力以及人工智能，每个部分都针对特定的功能和需求进行优化，确保在复杂的海洋环境中高效、安全地运作。

1. 物理安全

海洋机器人在不同的海洋区域操作时面临着多种物理安全挑战。在水面区域，机器人主要应对的挑战是海浪冲击，这可能导致其失去平衡甚至翻覆。近海和浅海区域则更加关注腐蚀和水密性问题，因为这些区域的盐分和其他化学物质容易加速设备磨损。深海区域的挑战则更加严峻，机器人不仅需要应对极端压力和碰撞风险，同时还要解决光线缺乏和通信导航困难的问题，防止其意外撞向海底山脉或峡谷。极地冰川区域的机器人则需要面对极端低温带来的系列问题。

针对这些问题，海洋机器人的物理安全措施可以从材料设计、结构设计和功能设计三个方面进行。在材料设计方面，采用耐腐蚀、高强度且具有良好抗冲击性的材料，如钛合金或复合材料等，以提高机器人在各种环境中的耐久性。在结构设计方面，采用流线型可以减少水下运动阻力，球形外壳有助于均匀承受水压。同时，使用先进的密封技术保证水密性。在功能设计方面，需要结合传感器系统、控制系统、导航定位系统等关键系统来避免深海中的碰撞，引入监测系统以监控机器人的腐蚀和密封完整性。同时，为了确保能源安全，也需要能源管理系统的配合。

综合运用多层面的物理安全措施，不仅全面提升了海洋机器人在各类海域中执行任务的安全性和可靠性，还为它们承担更广泛和更复杂的任务提供了坚实的技术支撑。展望未来，随着人工智能、新材料和新能源等前沿技术的持续突破，海洋机器人的安全性能将持续提升，使其能够承担更多样化的海洋任务。

2. 主机安全

海洋机器人主机的作用不仅是作为系统的大脑和核心控制中心，更是确保各项任务顺利进行的关键。主机的性能和安全性直接关系到海洋机器人的稳定性、可靠性以及执行任务的效率。复杂的海洋环境对海洋机器人主机的安全性提出了更高的要求，随着主机系统应用范围的扩大和任务复杂度的提升，现代海洋机器人主机系统面临的安全问题也变得愈发严重，任何对海洋机器人主机的攻击或入侵都可能导致严重的后果。例如，传感器可能遭受数据篡改或信息劫持的风险；控制器的决策算法易受恶意攻击；执行器的误操作可能导致动作失控；芯片则是硬件层面的核心，一旦被入侵，可能导致设备失灵。软件部分的应用程序漏洞可能成为攻击的切入点。任何对主机系统的攻击都可能造成数据泄露、设备失控，甚至任务失败。

为确保海洋机器人主机的安全运行，需要从多个方面着手，包括实施严格的数据安全防护、制定芯片安全防护策略、加强软件安全措施等。针对主机系统的组成及工作流程，分析硬件(传感器、控制器、执行器、芯片)和软件应用程序各自面临的安全风险，并探讨相应的防护手段，才能最大限度地减少潜在的安全威胁，确保海洋机器人能够在各种环境下稳定、安全地执行任务。

3. 通信安全

海洋机器人中的通信安全是确保海洋机器人有效运行和执行任务的关键，对海洋机器人正常执行任务和安全运行至关重要。在海洋环境中，海洋机器人在水下环境中的信号传输面临多种因素的影响，包括信号衰减、多径效应等，这对其通信安全提出了严峻挑战。因此，必须采用特定的水下通信方式与技术，并选择适合海洋机器人应用场景的通信介质与协议。

在这些技术应用的过程中，海洋机器人通信面临诸多安全威胁，如物理攻击、拒绝服务攻击和数据篡改等。物理攻击可能涉及对通信设备的直接破坏；拒绝服务攻击则通过大量无用数据包占用通信资源，系统无法正常运行；而数据篡改可能导致传输信息的内容被恶意修改，从而影响任务的执行。为了应对这些威胁，可以采用多种加密技术来保护通信安全，如对称加密、非对称加密以及混合加密等。通信安全不仅包括加密，还涉及保护信息的机密性、完整性和可用性。机密性通过加密技术防止未经授权的访问，确保信息仅能被授权用户读取。完整性通过哈希函数等技术，确保信息在传输过程中不被篡改。可用性要求系统具备抗攻击能力，确保在受到攻击时仍能正常运行。通过具体案例分析真实场景中的通信安全应用和挑战，可以总结出有价值的经验教训，从而在实际应用中更好地保护海洋机器人通信系统的安全。

4. 组网安全

海洋机器人无线组网不仅为海洋探索和研究提供了关键支持，还在海洋资源开发、环境监测和国防安全等领域发挥着重要作用。随着点到点海洋通信技术的不断发展，世界各国已相继开展多项海洋无线组网相关技术的研究与探索，并取得一定成果。目前，海洋机器人无线组网类型涉及水下传感网和水下移动自组网，包括多种网络拓扑结构。复杂的海洋信道对组网协议和关键技术提出了很高要求。首先，组网协议中的物理层需要应对短相干时间、高符号间干扰和显著的多普勒传播效应，数据链路层需要管理高延迟和潜在高丢包率的介质接入。此外，组网路由协议需要额外处理间接性连接和移动网络拓扑结构，定位与时钟同步技术需要在严苛条件下保证网络的正常运行，为其他网络功能(如路由、数据传输等)提供必要的支持。

在探索关键技术有效性的同时，海洋机器人无线组网中的安全问题同样不容忽视。由于水下信道的开放性，窃听“通信内容”和“通信路由”的被动攻击在无线组网中很容易发生；针对路由机制的“虫洞攻击”和“女巫攻击”等主动攻击行为更是危害性极高。因此，需要采取加密与认证、安全路由协议、安全定位与同步机制等措施进行有效防范，确保海洋机器人系统的组网安全。

5. 人工智能安全

人工智能技术经历了早期探索、中期发展及现代繁荣几个阶段的发展历程，在近年来取得了巨大的进步。作为引领科技发展的前沿领域，人工智能涵盖了众多关键技术，包括数据分析、智能仿真、计算机视觉、自适应学习、智能信号处理、群体协同优化、自主决策、深度学习与神经网络和大语言模型等。许多人工智能技术在海洋机器人物理结构设计、主机系统、通信系统和集群组网中也得到了广泛应用，这些技术大大提高了海洋机器人进行海洋作业的效率和安全性。

然而，人工智能在海洋机器人系统中的应用也伴随着一系列安全问题，由于人工智能技术高度依赖数据和算法，当数据质量不足或算法存在漏洞时，海洋机器人可能决策失误或行为异常。为应对这些挑战，研究人员和从业者正在开发一系列防御措施，旨在提升海洋机器人系统的安全性和鲁棒性。未来，需要开发更为先进的算法，实现机器人自主性与可控性的最佳平衡，提高海洋机器人系统在面对外界干扰或内部故障时的恢复能力；同时提升机器人决策透明性和可解释性，确保海洋机器人系统的运行机制和决策依据能够被用户理解和信任。通过构建安全可靠的人工智能生态系统，海洋机器人系统将能够在复杂多变的海洋环境中更加高效地执行任务，为海洋科学研究、资源开发和环境保护提供强有力的技术支持。

海洋机器人系统安全需要实现多学科交叉融合，采用系统化和整体化的安全管理理念。通过全面覆盖“预防、监测、响应、恢复”各个环节，构建一个全方位、可信任的安全防护框架，海洋机器人能够在面对复杂的任务需求时保持稳健运行。这种综合安全措施不仅确保海洋机器人在资源开发、环境监测、科学考察等领域安全高效地执行任务，而且充分发挥其技术优势，为海洋科学研究和资源开发提供坚实的技术支持。本书为海洋机器人的安全管理提供了全面的理解和实用的应用指南，使其在不断增长的应用领域中，能够有效地面对和管理安全问题，从而更安全地执行关键任务。

1.2.3　发展趋势

在全球科技革命与产业变革中，海洋机器人作为海洋装备的前沿，其自主高效地执行复杂任务，将引领未来发展方向，具体如下所示。

1. 新材料与先进制造技术

海洋机器人利用新材料与先进制造技术提升物理层面的耐久性与适应性，使海洋机器人在高压、低温等恶劣条件下更加可靠。针对深海和极端环境，机器人结构趋向增强耐压和防腐性能。随着新材料技术的进步，碳纤维和特种合金等的应用将成为常态，以提高机器人的结构强度并减轻重量。同时，3D 打印等先进制造技术促进快速原型制作与复杂结构设计优化，提高生产效率与适应性。

2. 模块化和平台化发展

模块化和平台化设计增强了海洋机器人主机层面的任务适应性与灵活性，推动了海洋机器人的产业化进程，提升了生产效率并降低了使用门槛。在模块化设计方面，通过将机器人系统划分为感知、决策、执行等功能模块，各模块可独立优化与测试，显著提升了系统的可重用性、可维护性和扩展性。标准化的接口促进模块间灵活组合与快速更换，增强了海洋机器人的环境适应性。在平台化设计方面，基于通用平台，针对不同应用场景和任务需求，快速配置专用系统，缩短开发周期，降低研制成本。

3. 创新水下通信技术

创新水下通信技术可以提高通信能力与数据传输效率，如水下中微子通信和量子通信技术等。水下中微子通信能实现深海与地面间的直接、无干扰连接，突破了传统通信在深水环境中的限制；量子通信则提供了高度安全的数据传输保障。这些前沿技术的应用提升了深海操作效率，扩展了极端海洋环境的应用范围，推动了海洋科研与商业活动的深入发展。

4. 多机器人协同作业

多机器人协同作业将增强海洋探索与开发能力，提升系统灵活性。海洋环境复杂多变，单一机器人难以胜任全部任务，未来会由单体作业走向集群协同，多机器人协同作业也成为海洋机器人的重要发展方向之一。多个海洋机器人团队将通过合理分工、协同控制与信息共享，共同执行海洋调查与开发任务。水面、水下及空中机器人各司其职，显著提升了作业范围、效率与质量。例如，水面机器人负责全局规划和通信中继；水下机器人负责局部探测和作业执行；空中机器人负责广域探测和目标跟踪。未来，多机器人协同作业技术将进一步发展，通过不断增加机器人数量、使用更加灵活智能的协同方式，执行更复杂的海洋任务。

5. 无人化、智能化持续发展

人工智能技术赋能海洋机器人无人化、智能化发展。未来，海洋机器人通过多元传感器融合技术，实现对海洋环境的全面精确感知。同时，机器人通过知识推理、逻辑规划等技术，实现更加复杂任务的自主决策和动态规划。在执行控制方面，机器人将采用自适应控制、智能反馈等技术，实现更加稳定、高效的运动控制和操作控制。此外，海洋机器人还将具备更强的学习进化能力，通过深度强化学习技术，机器人可以根据作业任务和环境反馈，自主学习和优化行为策略，不断提升作业性能。

同时，安全性在每个系统部分都具有重要意义。在物理层面，安全材料和设计确保设备在极端条件下的稳定性。在主机和通信层面，可靠的数据处理和传输机制是关键。在组网和人工智能层面，安全性确保协同作业和自主决策的可靠性。通过这些高度集成的技术，海洋机器人将高效率执行复杂任务，从而推动海洋科学研究和资源开发向更深、更远的海域拓展。

1.3 本章小结

本章首先全面介绍了海洋机器人的基本概念，涵盖其定义、分类、主要特点以及在海洋科学研究中的应用场景，从而极大地扩展了人类对海洋世界的认识。其次，讨论了海洋机器人的系统组成以及其面临的安全问题，强调了这些问题在保障海洋机器人安全运行中的重要性，具体包括物理安全、主机安全、通信安全、组网安全以及人工智能安全。这些措施不仅确保了海洋机器人在执行关键任务时的信息安全与稳定性，还促进了其在海洋科技领域的广泛应用和技术创新。

思 考 题

1-1 请简要阐述海洋机器人有哪些主要分类，并分别解释它们的设计特征、功能以及适用的任务和环境。

1-2 海洋机器人与陆地机器人相比有哪些独特的特点？这些特点对其设计和应用有何影响？

1-3 目前国内外在海洋机器人领域的研究重点是什么？它们之间有何异同？

1-4 你认为未来海洋机器人的发展趋势是怎样的？哪些技术或应用可能会成为热点？

1-5 海洋机器人面临哪些主要的安全问题？这些问题有哪些特殊性？

1-6 不同类型的海洋机器人在安全设计上应该侧重哪些方面？为什么？

1-7 海洋机器人的安全问题不仅局限于其自身，还可能对海洋环境造成负面影响。这主要体现在哪些方面？如何最小化这些影响？

1-8 随着海洋机器人的大规模应用，在安全管理和法规建设方面还需要加强哪些工作？

第2章　物 理 安 全

海洋机器人在执行任务时面临着复杂的海洋环境，其物理安全是决定任务成败的首要因素。对于海洋机器人来说，海洋环境中存在诸多风险因素，如碰撞、腐蚀、密封失效、极端压力、能源短缺等，这些因素都会直接威胁到其结构完整性和功能稳定性。一旦海洋机器人遭受到物理破坏，可能造成设备报废等难以挽回的严重后果。因此，在海洋机器人设计、建造和应用的全过程中，必须始终将物理安全放在首位，全面评估可能的风险因素，并采取有效的防护措施。

本章将深入探讨海洋机器人的物理安全。首先，介绍复杂多变的海洋环境，包括海洋环境分类及不同环境给海洋机器人带来的挑战；然后，详细介绍海洋机器人面临的碰撞、腐蚀、水密性、极端压力和能源短缺等物理安全问题；最后，本章将重点从材料、结构及功能等方面介绍应对物理安全问题的防护措施和技术手段。

2.1　海洋环境概述

海洋环境是地球上最复杂、最多变的环境之一。从水面到深渊，从赤道到极地，海洋呈现出多样化的面貌。深入理解不同海域的基本分类和独特特征，对于准确理解海洋环境所带来的物理安全挑战至关重要。

2.1.1　海洋环境分类

不同区域海洋环境的生态条件各不相同，通常可以分为水面区域、近海和浅海区域、深海区域以及极地冰川区域，如图 2-1 所示。

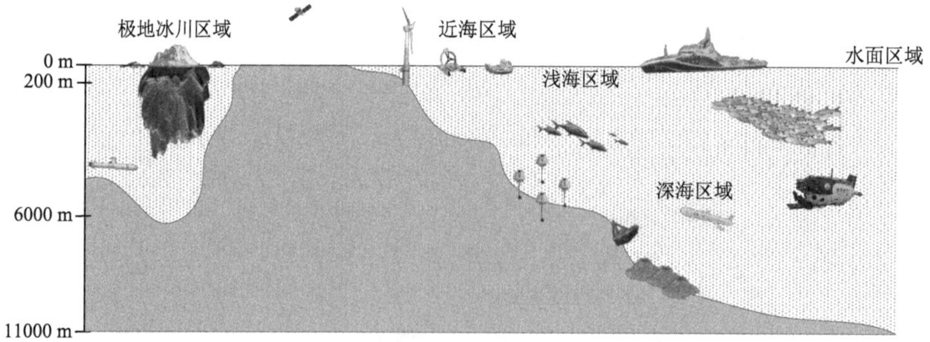

图 2-1　海洋环境类型

1. 水面区域

水面区域是海洋的最上层，连接着从沿海近岸到开阔大海的表面区域。这里的环境经常受到多变气候的影响，如强风、高海浪和暴雨等极端天气。水面区域是海洋数据收集的关键场所，包括水温、盐度和流速等信息，对于理解全球气候变化和海洋生态系统极为重要。此外，水面区域也是执行海上救援操作的关键地带，例如，搜索救助落水人员以及在自然灾害(如海啸等)后提供急救和支持。

2. 近海和浅海区域

近海和浅海区域位于海洋沿岸附近，水深较浅，常受到河流入海的直接影响，沉积物和陆源污染物的输入使得水质复杂多变。人类活动在这些区域尤为密集，包括海底地形测绘以及对沉积物分布和海底地貌的研究等。同时，生态监测也是此区域的重点，研究人类活动(如海岸线开发、旅游和工业排放等)对本地海洋生态系统的影响。此外，资源勘探活动，如寻找和开采石油、天然气等海底矿产，也在这些区域频繁进行。国家安全和领土完整性的维护在这一区域尤其重要，如监控和打击非法捕鱼、走私、主权侵犯等行为。另外，该区域海底基础设施丰富，如海底油气管道、电力电缆和通信光纤电缆等，监测其运行状况也是该海域的重要活动之一。

3. 深海区域

深海通常指水深超过200m的海域，这些区域按照水深不同可分为三类：半深海(水深200～2000m，也称次深海)、深渊(水深2000～6000m)以及超深渊(水深超过6000m，也称海斗深渊)。深海区域的环境特征包括极高水压、寒冷、低氧气浓度、全黑暗和地质活动频繁等。还存在一种极为特殊的高温海底热液喷口生态系统，温度最高可达 400℃。在这样极端的条件下，主要的科学探索活动包括研究深海生物多样性、探索各种生物种类及其生态系统等。此外，深海区域也是海底矿产资源勘探的热点，人类在这里寻找珍贵金属和矿物。同时，深海地质结构的映射也是一项重要任务，帮助科研人员了解地球内部的结构和地质历史。

4. 极地冰川区域

极地冰川区域，包括北极和南极及其周边海域，这些地带由于常年或季节性的海冰覆盖、极端低温及独特的极夜与极昼光照条件而形成了一个独特区域。在该区域内，人类活动主要为科学研究考察，研究人员通过收集冰层样本和水温数据来监测全球变暖的趋势，以及研究冰川动态变化来预测未来海平面的变化趋势和全球气候模式的演变形式。除此之外，极地冰川区域是许多特有生物的栖息地，研究人员长期探究这些生物的生态习性和地理分布，监控并预防外来物种入侵和污染物的扩散。同时，极地环境也成为测试科技设备的理想场所，如无人探测器、通信设备以及其他高科技仪器等在这些极端条件下的表现能为其设计和功能的改进提供实际数据和反馈。

2.1.2 海洋环境挑战

不同海洋区域环境具有独有的特征，为海洋机器人的正常工作带来了特定的挑战。按上述工作环境划分，这些海洋机器人可操作于水面区域、近海和浅海区域、深海区域以及极地冰川区域，它们的设计和功能必须适应各自环境的特殊需求。

1. 水面区域挑战

海洋机器人在水面区域操作时面临的挑战主要涉及多变和极端的海洋气候条件。这些机器人经常遭受连续的强风和高海浪冲击等自然现象，这不仅威胁到机器人的物理结构，还可能影响其操作效率和安全性。例如，强风可以极大地影响机器人的导航精度和移动速度；高海浪则可能导致机器人失去平衡，甚至翻覆。

此外，暴雨和大雾这类恶劣天气也给海洋机器人的运作和能源供给带来了额外的风险。例如，暴雨可能会影响机器人的传感器功能，降低数据收集和处理的准确性，还会降低太阳能能源供应的效率；大雾则会严重影响视线，使得机器人的遥控或自动导航系统难以准确识别周围的环境，增加碰撞的风险。这些因素使得海洋机器人在水面区域的操作充满了不确定性。

2. 近海和浅海区域挑战

在近海和浅海区域操作的海洋机器人面临的挑战在很大程度上受到人类陆地活动的直接影响。首先，这些区域的底部地貌非常多样，包括岩石、珊瑚礁以及各种人造结构，如沉船和水下建筑等。这些障碍物不仅增加了导航的难度，还可能导致机器人发生碰撞或被困。生物多样性的高度丰富也为海洋机器人的操作带来了不可忽视的干扰。例如，大量的鱼类和海藻可能会意外地缠绕在机器人的移动部件或传感器上，影响其功能和效率；此外，这些生物体可能误入机器人的采样装置，影响数据采集的准确性。人类活动，如密集的航运和渔业作业等，也显著增加了这些区域的操作复杂性。船只的来往不仅可能造成物理碰撞，还会通过波浪和湍流影响机器人的稳定性和定位精度。同时，渔网和其他渔具的存在增加了机器人被捕获或缠绕的风险。

除碰撞风险外，盐分和人类工业排放物对海洋机器人的腐蚀作用也不容忽视。盐分可以加速金属部件的腐蚀，降低机器人的使用寿命和可靠性。工业排放物，如重金属和化学物质等的存在则可能影响传感器的敏感度和精确度，进一步降低操作效率。此外，水下环境中的湍流、声学信号衰减以及由海底地形反射的声波，都为声呐等基于声音的导航和通信系统带来了额外的挑战。这些因素综合影响了海洋机器人在近海和浅海区域的性能和安全性。

3. 深海区域挑战

在深海区域，海洋机器人遭遇极端环境条件，如极端水压力、低温、光线缺乏、通信和导航困难以及能源管理的复杂需求等。首先，极端水压力是最直接的挑战之一。在几百甚至上千个大气压的深海环境中，机器人的外壳和结构部件极易发生变形或损坏。这种高压环境对材料的强度和耐压性提出了极高的要求，任何结构上的弱点都可能导致灾难性的失败。水温极低也是深海区域的一个重要特征。通常维持在 4℃左右的低温不仅对机器人的电子系统和动力系统构成挑战，还可能影响润滑油和液压系统的性能，进而影响机器人的操作效率和机械部件的寿命。光线的缺乏在深海造成了一片漆黑的环境，这对机器人的视觉系统构成了巨大考验。在没有自然光的情况下，依赖于光学设备的任务执行和环境感知能力将大大降低，使得机器人更依赖于声呐和其他非视觉传感器。

通信和导航的困难也是深海环境中的常见问题。由于深海遥远且全球定位系统(global positioning system，GPS)信号无法穿透海水，机器人在执行任务时常常面临精确导航和定位的困难。此外，信号衰减和可能的干扰使得与地面控制中心的数据传输和指令接收变得不稳定和不可靠。

持续时间长的深海任务也提出了额外的挑战。由于远离水面和人类活动中心，能源补给和维护变得尤其困难。而且深海任务常常涉及长时间的作业，这对能源的消耗量提出了极高要求。因此，机器人需要有足够的能源储备和高效的能源管理机制。此外，深海环境中的盐分和其他化学物质的腐蚀作用对机器人的材料和结构也构成了长期的威胁。因此，深海区域的极端环境对海洋机器人的设计和操作提出了严苛的要求，每一个环境因素都可能成为影响机器人性能的潜在风险。一旦深海机器人在作业中出现故障，鉴于其所在位置的特殊性，很难迅速获得外部支援或进行现场修复，这增加了任务的风险性和复杂性。

4. 极地冰川区域挑战

在极地冰川区域，海洋机器人的操作特别受到极低温度和复杂环境条件的影响。首先，极低的温度对机器人内部的电池和能源系统造成了显著影响，导致电力供应不稳定且持续时长减少。所有机器部件，包括电池、电路板以及机械组件，都必须在远低于冰点的温度下保持正常功能，这不仅增加了能源补给的难度，还要求机器人的设计必须考虑低温对材料和机械性能的影响，如防止金属材料的脆化、确保液压系统的流动性以及电子设备的可靠性等。其次，海冰的动态变化和不可预测性为机器人导航和定位带来了极大挑战。海冰的漂移和融化会导致原本可行的路线突然受阻，使机器人可能被困或无法按计划行进，增加了任务执行的不确定性和风险。

此外，冰层的存在阻碍了母船与机器人之间的通信。通信信号在冰层下的传输效率极低，这限制了数据传输的速度和可靠性，增加了操作的不确定性。在极地冰川区域，地磁极附近强烈的磁场干扰会更影响基于磁性的导航系统，使机器人难以准确地确定方位和进行定位。极地的偏远位置和极端的环境条件也限制了地面通信基础设施的建设和稳定性，使得机器人与远程操作员之间的实时通信变得困难，降低了操作的灵活性和响应速度。

不同海洋区域的环境特征对机器人的设计、操作和安全性提出了不同的要求。海洋机器人在水面区域时常遭遇强风和巨浪的考验，这些极端海况可能导致机器人难以控制，增大了意外碰撞的风险。在近海和浅海区域，错综复杂的海底地形以及频繁的人类活动，也为海洋机器人的安全航行埋下隐患。当海洋机器人在深海区域时，面临极端水压力问题，这对机器人的结构适应性和水密性提出了极高要求。在极地冰川区域，超低温环境可能导致机器人材料脆化和冰层运动等问题，加剧了安全风险。

2.2　物理安全问题

不同海洋区域存在的环境特征，为海洋机器人，特别是水下机器人，带来了一系列独特的风险和挑战，如表 2-1 所示。可以看出，相比水面机器人，水下机器人面临的物理安全风险更加严峻，其中，最为显著的是碰撞、腐蚀和密封问题。虽然水面机器人也会遇到风浪、礁石碰撞和防水等问题，但相对而言，其所处环境的复杂性和恶劣程度远不及水下环境。因此，本节将重点讨论水下机器人面临的物理安全问题。

表 2-1　海洋机器人不同海洋区域面临的挑战

区域	环境特征	风险与挑战
水面区域	强风、高海浪、恶劣天气因素	意外碰撞、装置失稳
近海和浅海区域	复杂地形、生物多样性、人类多种活动	意外碰撞、设备腐蚀、密封不良、视觉系统受影响
深海区域	极端深度、极低温度、缺乏光线	意外碰撞、设备腐蚀、密封不良、极端水压、电池性能不稳定、导航定位困难、视觉系统受影响
极地冰川区域	极低温度、强磁场干扰、冰层运动导致的物理压力	意外碰撞、设备腐蚀、密封不良、电池性能不稳定、材料脆化、导航定位困难

2.2.1　碰撞问题

海洋环境中的碰撞风险主要源自两个方面：环境中的固有障碍和动态移动物体。固有障碍包括海底山脉、峡谷和岩石突起以及沉船、管道、电缆和人工鱼礁等。这些障碍物不仅形状各异、分布不均，还可能因未准确标注或位置变化而增加导航难度。在极地海域，情况更为棘手，移动的冰山和浮冰不断改变形态和位置，为水下导航和障碍物预测带来更大挑战。动态移动物体主要指海洋生物和水下移动设备。海洋生物从小型鱼群到大型鲸类都可能与海洋机器人发生意外接触，它们的行为模式难以预测，增加了避障难度。水下低能见度的条件进一步限制了避障传感系统的性能，增加了海洋机器人的碰撞风险。海洋机器人自身的活动可能引起沉积物扬起，造成周围水体浑浊，影响传感器性能。海洋机器人还面临一些间接风险，例如，在近海和浅海区域，废弃的渔网可能缠绕在推进器上，严重影响机动性。此外，在多机协作任务中，其他海洋机器人或设备也可能成为潜在的碰撞对象。整体碰撞风险如图 2-2 所示。

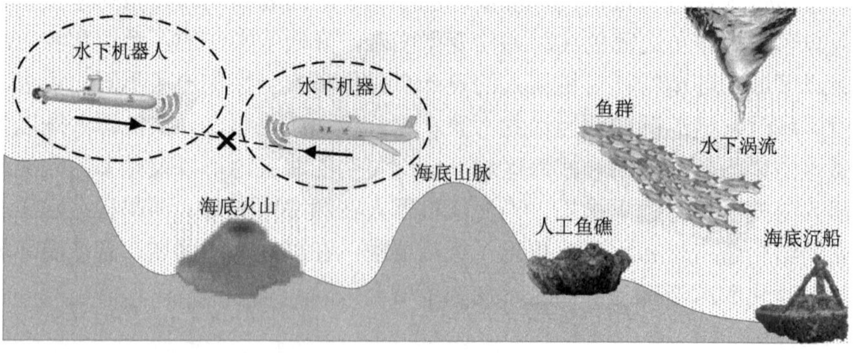

图 2-2　海洋中存在的碰撞风险

碰撞会对海洋机器人造成不同程度的损害。轻微的损伤包括表面划伤、涂层脱落和小型凹陷。中度损伤包括外壳出现裂缝、密封失效或传感器错位，影响机器人的正常功能。

严重的碰撞可能造成机体断裂、内部电路短路或电池损坏，严重影响海洋机器人的功能完整性，导致海洋机器人无法返航。海洋机器人的外露部件，如推进器、舵面、传感器支架和机械臂等，尤其容易受到损伤。推进器由于直接与水流接触，易受撞击和缠绕，一旦损坏将直接影响机器人的机动性。舵面作为精密控制部件，即使轻微的变形也可能显著影响操控精度。传感器支架通常突出于机体，易在碰撞中折断，导致关键感知能力的丧失。机械臂频繁与环境互动，是最易受损的部件之一，损伤会直接影响任务的执行。

2.2.2 腐蚀问题

海水的腐蚀性是海洋机器人面临的一大挑战，腐蚀现象如图 2-3 所示。海水是一种复杂的电解质溶液，含有大量的氯离子、溶解氧、二氧化碳等腐蚀性物质。海水的高盐度和高导电性加速了金属材料的电化学腐蚀过程。溶解在海水中的氧气和二氧化碳会形成具有氧化性的离子促进金属溶解。海水中的微生物则会在金属表面形成生物膜，引发微生物腐蚀。厌氧菌的新陈代谢产物，如硫化物等，还会加剧局部腐蚀。在某些条件下，一些金属表面会自然形成致密的氧化层，即钝化膜，能够阻止腐蚀。然而，海水环境下的各种因素会破坏氧化层的保护作用。此外，随着深度增加，海水温度的升高会加快化学和电化学反应速率，进一步加剧腐蚀过程。水流、波浪引起的机械运动会进一步加速腐蚀产物的剥离，破坏钝化膜的保护作用。

图 2-3 海洋中存在的腐蚀现象

海洋机器人的腐蚀通常分为三种主要类型，分别是电偶腐蚀、点蚀、缝隙腐蚀，如图 2-4 所示。电偶腐蚀是一种常见的腐蚀形式，发生在两种不同的金属材料之间，也称异金属腐蚀。这两种材料具有不同的电极电位是导致电偶腐蚀的根本原因，例如，铝合金与钢材的接触是一种典型的电偶腐蚀。电偶腐蚀需要在导电介质中进行，如盐水、海水等含盐溶液，这些溶液提供了离子迁移的通路，使得电偶反应得以进行。

点蚀是一种局部腐蚀形式，通常发生在金属表面的微小区域，形成深而窄的蚀坑，而其余大部分表面仍然保持完好。点蚀虽然只影响金属表面的小部分区域，但其深度方向的腐蚀速率很高，可能在短时间内穿透金属，引起设备泄漏或破坏。点蚀的机理涉及金属表

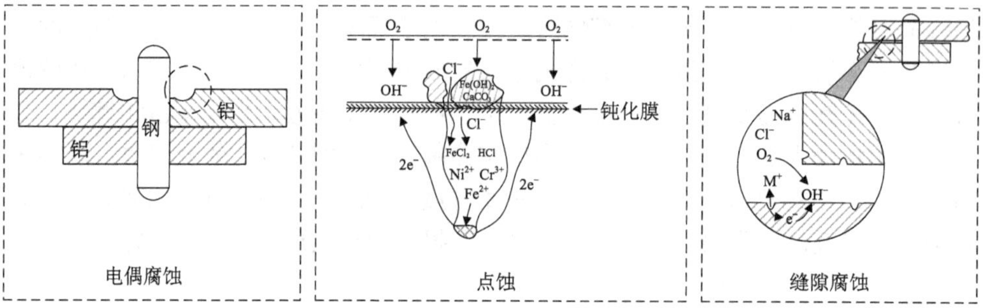

图 2-4　常见的腐蚀类型

面的不均匀性，如成分偏析、夹杂物、微观缺陷等，造成这些区域的电位与周围区域略有差异。电解质中的侵蚀性阴离子吸附在这些缺陷处，导致局部钝化膜的破坏。缺陷处的金属失去钝化膜保护，暴露在腐蚀性环境中。

缝隙腐蚀也是一种常见的局部腐蚀形式，通常发生在金属表面的缝隙、间隙区域。这些区域与主体金属表面相比，电解质的交换受到限制，容易形成特殊的腐蚀环境，导致缝隙内的金属发生加速腐蚀。随着腐蚀的进行，缝隙腐蚀会逐渐形成宽而浅的凹坑。

海洋机器人最容易受到海水腐蚀的薄弱环节包括焊接接头、紧固连接件、异种金属连接处、应力集中区、密封处等。焊接接头处的材料组织和性能差异以及残余应力等缺陷会导致电偶腐蚀和接头强度下降；紧固连接件的缝隙容易聚集海水，加速局部腐蚀，导致松动脱落；异种金属连接处的电位差异会加速阳极材料溶解；应力集中区的塑性变形和晶间腐蚀会引发应力腐蚀开裂和疲劳；密封处的缝隙腐蚀会破坏密封性能，导致海水进入机器人内部。此外，海水还会腐蚀防护涂层，加速器件老化；海洋生物的附着也会分泌酸性物质，加剧局部腐蚀。这些腐蚀问题会导致海洋机器人机械强度下降，还可能造成密封失效、液体泄漏等严重后果，危及其安全运行。

2.2.3　水密性问题

为了保护内部的电子元件和精密仪器免受海水侵蚀，海洋机器人必须具有优良的水密性能。任何细微的密封不良都可能导致海水渗入，引发漏电、短路等故障，造成设备损坏或数据丢失，密封不良现象如图 2-5 所示。尤其在高压深海环境中，对水密性提出了更高的要求。巨大的静水压会使机器人的压力容器产生微小变形，加大密封面的间隙，从而降低水密性。此外，海洋机器人在不同深度间的频繁移动会导致压力循环，加速密封材料的疲劳损伤。在低温的深海环境中，许多常用的密封材料，如橡胶、聚合物等可能出现脆化、硬化现象，影响其密封效果。而在一些高温的深海环境中，如海底热液喷口和海底火山活动区域等，密封材料可能会出现软化现象。

对于无人海洋机器人，一旦发生破损渗水事故，轻则导致部分功能失效，重则造成整机报废。而与无人海洋机器人相比，载人海洋机器人对水密性能的要求更加严苛。尤其在深海中，载人海洋机器人可能无法及时上浮到海面，危及乘员的生命。因此，确保海洋机器人在高压的海水环境中长期保持优异的水密封性能，是海洋机器人设计制造和使用维护的关键问题。

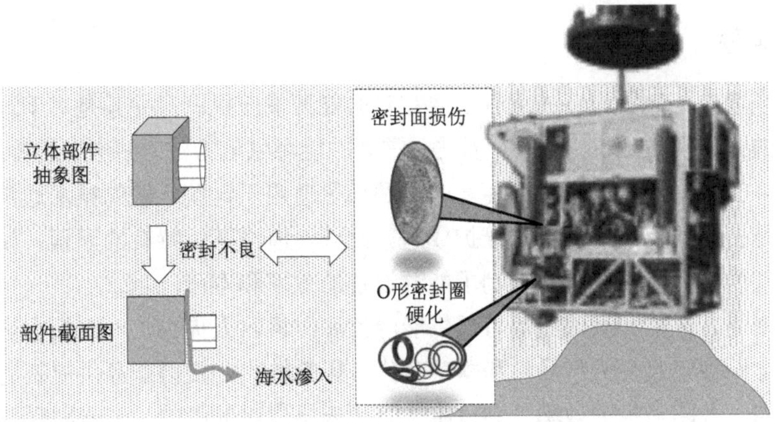

图 2-5 海洋中存在的密封不良现象

2.2.4 极端压力问题

海洋机器人在执行深海任务时面临最为严峻的挑战是深海环境中的极端压力。压力适应性能的高低，直接决定了海洋机器人的最大工作深度。深海压力随着水深的增加而急剧上升，每下潜 10m，压力就增加约 1 个大气压。在海洋最深处，如马里亚纳海沟的底部，压力可高达 110MPa，相当于每平方厘米承受超过 1t 的压力。这种极端压力环境对海洋机器人的结构完整性、电子设备功能、密封系统和材料性能都提出了严苛的要求，深海压力示意如图 2-6 所示。

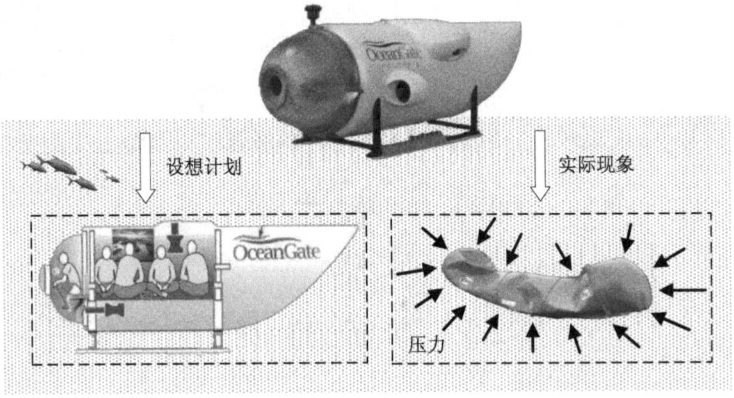

图 2-6 深海中存在的极端压力风险

深海压力对海洋机器人造成的危害是多方面且严重的。极端高压可能导致机器人外壳变形或破裂，严重危害其结构完整性，甚至引发灾难性故障。即使是微小的裂缝，在巨大压力下也可能迅速扩大，导致海水渗入。一旦发生渗水，高压海水会迅速浸入机器人内部，对精密的电子设备和传感器造成不可逆的损坏，引发短路、腐蚀和系统瘫痪等一系列连锁反应。此外，高压环境还会影响机械部件的正常运作，如液压系统和电机等，降低其效率和使用寿命。甚至，某些材料在深海压力下可能发生物理特性改变，增加密封失效风险。

2.2.5 能源问题

在海洋环境中，装置设备的运行需要完善的能源供应机制，尤其是对于远离陆地和人类活动中心的开放海域或深海区域。首先，常规的能源供应方法，如电缆连接或常规电池、燃料供应等，在海洋中实施极为不便。开发和部署适用于这些环境的技术通常需要高昂的成本，尤其是初期的安装和后期的维护成本。此外，海洋环境特有的因素，如盐水腐蚀、高压和极端气候条件等，也严重限制了能源设备的效率和寿命。

虽然太阳能、风能和波浪能等可再生能源为海洋机器人提供了一定的解决方案，但这些能源的产出不稳定且受天气条件和季节变化的影响较大，使得能源供应缺乏可预测性和持续性。例如，太阳能板的效率受到日照时间和云层覆盖的影响；风能则受风速变化的影响；潮汐能和波浪能虽然相对稳定，但在不同季节和气候条件下，其能量输出也会有所变化，影响海上设备的持续运行。尽管可再生能源被视为环境友好的选择，但它们的安装和运营也可能对海洋生态系统造成影响。例如，潮汐能和波浪能的提取设备可能影响海洋动物的迁徙路线，噪声和物理存在可能干扰海底生物的自然行为。海洋能源设施管理如图 2-7 所示。

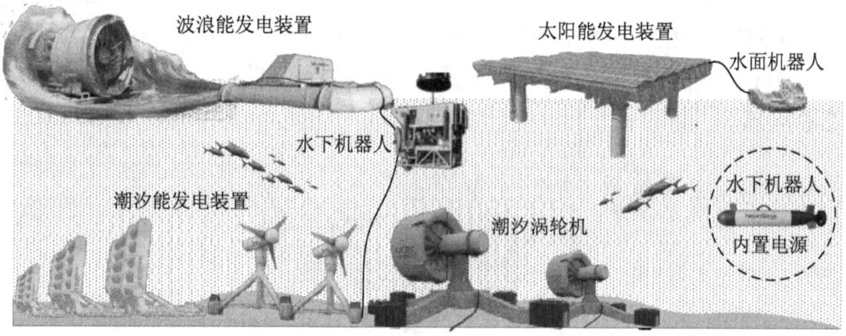

图 2-7 海洋能源设计与供应

2.3 防护措施

针对上述海洋机器人面临的物理安全问题，首先需要从材料与结构设计方面进行综合考虑，例如，优先选择高强度、耐腐蚀的合金或复合材料，以及采用高耐压性和高水密性的结构。除物理防护措施外，还需要结合多种系统功能设计，如多元传感、智能避障、精准导航、腐蚀监测、密封监测、压力监测和能源管理等，整体如表 2-2 所示。通过材料、结构和功能的协同设计，海洋机器人能够更好地应对海洋环境的多种挑战，为海洋科研、资源勘探和环境监测等领域提供强有力的技术支持。

表 2-2 海洋机器人物理安全问题及防护措施

物理安全问题	材料与结构防护措施	系统功能防护
碰撞	高强度、耐腐蚀材料	传感器系统、智能避障系统、导航定位系统
腐蚀	表面腐蚀防护技术	腐蚀监测系统
水密性	密封结构设计	水密性监测系统
极端压力	耐压结构设计	压力监测系统
能源	电池材料设计	能源管理系统

2.3.1 材料设计

材料的选取是生产海洋机器人的基础问题，直接影响其在海洋环境中的安全性和可靠性。从外层耐压壳体到内部能源系统，每一个组件的材料选择都需要精心考虑。

1. 铝合金

铝合金是以铝为主要成分，并添加其他元素形成的合金材料。不同元素的添加赋予铝合金不同的性能特点，常见的合金元素有铜、镁、硅、锰、锌等。铝合金不仅继承了铝的许多优点，如密度小、导电性好、导热性高、加工性能优异等，还通过合金化弥补了其原本强度低、硬度低等缺点。与传统的钢材相比，铝合金具有显著的轻量化优势，铝合金的密度约为 $2.7g/cm^3$，仅为钢的 1/3。这意味着采用铝合金可以大幅降低海洋机器人的整体重量，提高其灵活性和能源效率。尽管铝合金密度低，但是其强度可以和许多钢材相媲美。例如，7075-T6 铝合金的抗拉强度可达 500MPa，屈服强度可达 430MPa，弹性模量可达 71.7GPa。此外，铝合金表面会形成一层致密的氧化膜，提供良好的耐腐蚀性能，适合在海洋环境中使用。铝合金常用于制造海洋机器人舱内的结构件，一些高强铝也用于耐压舱体。

2. 不锈钢

不锈钢的主要合金元素为铬，铬含量通常为 10.5%～30%，其他常见的合金元素包括镍、钼、铜、钛、铌等，不同元素赋予不锈钢不同的性能特点。不锈钢的强度和硬度通常高于铝合金，常见的不锈钢有奥氏体不锈钢、马氏体不锈钢等。奥氏体不锈钢含有较高的镍和铬，韧性高，常见牌号有 304、316 等。304 奥氏体不锈钢具有优异的综合性能，广泛应用于各个领域，其抗拉强度通常大于 520MPa，屈服强度在 210MPa 左右，弹性模量可达到 210GPa，延展率可以达到 40%。在抗腐蚀方面，不锈钢含有铬元素，能够在其表面形成一层非常薄但致密的氧化铬保护膜，在常规环境中非常稳定，能有效隔绝金属基体与腐蚀介质。即便保护膜受到机械损伤或化学破坏，只要环境中有足够的氧，它就能迅速再生，恢复保护作用。得益于不锈钢的耐腐蚀性和高强度，其常用于制作起吊零件等。

3. 钛合金

钛合金是以钛为基体，加入其他合金元素制成的一类合金材料。钛合金的主要合金元素有铝、钒、钼、锡、锆、铬、铜、硅等。通过添加不同种类和含量的合金元素，可以调节钛合金的组织和性能，得到满足不同需求的钛合金牌号。钛合金既集合了钛的优点，如比强度高、耐腐蚀性能优异等，同时通过添加合金元素又克服了钛的缺点，如塑性差、高温力学性能不佳等。相比于铝合金和不锈钢，钛合金具有更高的比强度，它的密度约为4.5g/cm³，仅为钢的60%左右，但其强度可达到甚至超过高强度钢。在抗腐蚀方面，钛合金与氧和氮形成化学稳定性好的保护膜，使其处于钝化状态，可有效阻隔基体与腐蚀介质的接触，防止腐蚀的发生。钛合金表面的钝化膜在多种介质中都能保持稳定，如在高温和低温条件下等。此外，钛合金还具有优秀的抗点蚀能力，在常温的海水环境中不易发生点蚀和缝隙腐蚀，但是，钛合金加工难度大，价格昂贵。

在众多型号的钛合金中，TC4广泛用于海洋机器人的制造。TC4含有6%的铝和4%的钒，具有优异的综合性能，强度高、韧性好，可焊接性和可加工性都较好。它的抗拉强度是铝合金的两倍，可达到895MPa，屈服强度达到825MPa，弹性模量为110GPa。钛合金凭借其优异的高比强度、耐腐蚀性能，在海洋机器人的关键承载结构，如耐压舱、支撑框架等部件中广泛使用。

4. 表面防护

除了选择耐腐蚀的金属材料外，先进的表面防护技术也是提高耐蚀性的有效途径。常用的方法有阳极氧化、喷涂、激光熔覆、钝化等。

1) 阳极氧化

阳极氧化是一种广泛应用于铝合金、钛合金表面处理的电化学工艺。在阳极氧化过程中，铝合金和钛合金作为阳极浸入电解液(通常是硫酸溶液)中，通过直流电在表面形成一层致密的氧化铝膜。阳极氧化的优点在于氧化铝膜与基体结合力强、绝缘性好、厚度和性能可控、生产效率高、环境友好等。但阳极氧化也存在一些局限性，如基体必须是阀金属或其合金、处理前需彻底清洗除油、膜厚超过一定值会变脆等。

2) 喷涂

喷涂防腐是一种常用的金属表面防护技术，广泛应用在铝合金和钛合金中，其基本原理是利用压缩空气、燃烧火焰或电弧等热源将防腐涂料加热成熔融或半熔融状态，并以高速喷射到金属表面，涂料凝固后在表面形成一层致密的防腐涂层。喷涂防腐的优点在于涂层材料选择空间大、喷涂效率高、适用范围广、涂层厚度可控等，但同时也存在涂层结合力不足、易产生缺陷、内应力大、粉末制备成本高等局限性。

3) 激光熔覆

激光熔覆是一种先进的表面改性和防护技术，其原理是利用高能量密度激光束将金属、合金、陶瓷等涂覆材料熔化，与基材表面发生冶金结合，形成组织致密、结合牢固的涂层。激光熔覆的优点包括涂层与基体冶金结合力强、涂层致密性好、涂层厚度可控、受热区域变形小、涂层成分和性能可控、自动化程度高、效率高等。激光熔覆广泛应用于机械、航空航天、能源电力等领域，用于恶劣工况下关键零部件的表面防护、高速重载磨损零部件的表面强化等。尽管激光熔覆技术具有涂层冶金结合好等突出优点，但它也存在一些不容忽视的缺点和局限性，主要包括残余应力大易导致涂层开裂、材料利用率相对较低、涂层材料选择受基体相容性限制强、工艺参数优化难度大、设备投资成本高等。

4）钝化

钝化是一种常使用在不锈钢中的表面防护技术。不锈钢之所以具有良好的耐腐蚀性，是因为其表面能够形成一层致密、稳定的铬的氧化物钝化膜。这层钝化膜能够阻止腐蚀介质与基体接触，从而抑制电化学腐蚀过程。但是，不锈钢表面的钝化膜在某些情况下会被破坏，如高温、机械损伤、焊接等，导致耐蚀性下降。钝化处理就是通过化学或电化学方法，在不锈钢表面重新生成一层完整、致密、具有优异防护性能的钝化膜，能够显著提高不锈钢的耐腐蚀性能，延长其使用寿命。但钝化技术也存在一些缺点，如传统铬酸钝化会导致环境污染和健康风险、钝化膜在苛刻环境下会被破坏失效、不同牌号和状态的不锈钢钝化效果差异大等。

5. 非金属材料

随着材料科学的发展，越来越多的先进非金属材料被应用到海洋机器人中，尤其是先进复合材料、陶瓷材料等，在提升海洋机器人抗碰撞性能方面发挥着重要作用。先进复合材料，如碳纤维等，其抗拉强度远高于传统金属材料，可达到3600MPa，是钢的7～9倍，其弹性模量为200～700GPa。此外，非金属材料中碳纤维和陶瓷具有优异的耐腐蚀性。碳纤维主要由碳元素组成，化学性质非常稳定，在常温下不与酸、碱、盐等化学介质发生反应。陶瓷材料之所以耐腐蚀，很大程度上是因为它们已经处于氧化状态，不能被进一步氧化。再者，陶瓷具有化学惰性，陶瓷材料表面通常不易与腐蚀介质发生化学反应或吸附。但是，与传统金属材料相比，这些材料成本较高，加工困难。

碳纤维复合材料常用于耐压壳的制造，例如，美国Ocean Gate公司研制的“Cyclops Ⅰ”载人潜水器，使用碳纤维复合材料作为船体外壳，如图2-8所示。英国南安普敦国家海洋中心研制的自主水下机器人“AUTOSUB”号也使用碳纤维复合材料作为耐压舱的材料。中国科学院沈阳自动化研究所研制的“海翼7000”在耐压结构的诸多部件中使用了碳纤维复合材料。此外，陶瓷材料由于其优异的强度，也用于耐压舱的制造中，其中，氧化铝陶瓷的抗拉强度可以达到310MPa，弹性模量为360GPa。美国伍兹霍尔海洋研究所研制的“海神”号使用氧化铝陶瓷作为耐压壳的主要材料。此外，该机构还将氧化铝陶瓷应用到其研制的自主水下机器人“Sentry”中，作为电池耐压壳的材料。

图2-8 “Cyclops Ⅰ”载人潜水器

6. 电池材料

在海洋机器人的能源配置方面，电池类型的选择至关重要。根据是否能够充电，电池分为一次电池(原电池)和二次电池(可充电电池或蓄电池)，如图 2-9 所示。二次电池，特别是高级锂离子电池，因其高比能和高能量密度而广泛应用。这种电池能够在不牺牲性能的前提下，提供更长的作业时间和更强的能量支持，从而使机器人能够执行更长时间的水下任务。高比能意味着每千克电池可以携带更多的能量，高能量密度则允许在有限的空间内储存更多的电能。锂离子电池的应用使得机器人设计可以更加紧凑，不受巨大电池体积的限制。

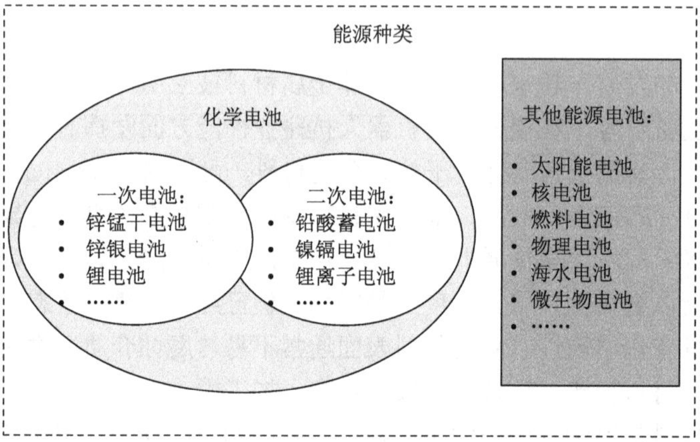

图 2-9　海洋机器人的能源种类

在水面上的时候，海洋机器人可以使用太阳能等可再生资源；在近海和浅海区域，对于执行一次性探测的海洋机器人，常使用再充能力有限的铝空气电池，提供高能量输出的解决方案。而一次性的铝空气电池用完后是不可充电的，必须更换电池。当铝被完全腐蚀后，需要及时更换铝板和电解质。

对于需要长期或远程操作的海洋机器人，燃料电池提供了另一种能源解决方案。与传统的化学电池不同，燃料电池通过持续供应的燃料和氧化剂(如氢气和氧气等)直接产生电能，这种方式特别适合长时间的持续运行和远程控制场景。燃料电池的这一特性不仅能有效延长机器人的作业时间，而且其较高的能量转换效率降低了能源补给的频率，极大地提升了海洋机器人在极端环境中的工作效率和可靠性。

除此之外，海洋机器人还可以利用多种其他能源种类，以适应不同的环境和任务需求。例如，太阳能电池将清洁且可再生的光能转换为电能，适用于能够接触到阳光的水面机器人，但在深海环境中不适用。核电池利用核动力装置，将核聚变或裂变过程中释放的热能转换为电能，虽然能源供应持久，但由于造价高昂且存在潜在的安全风险，这种技术在实际应用中相对有限。物理电池通过电动机转动产生机械能的转换以存储和释放能量，这种方式环保且无污染。目前主要的研究是利用海洋的自然力量(如潮汐、风能、温差等)为海洋机器人提供能源。海水电池使用铝合金在海水中不断氧化产生电能，这种电池可以长期存储，根据实际需要更换铝板的大小，是一种便于长期部署的能源解决方案。目前仍在开发阶段的微生物电池，利用微生物将有机物质中的化学能直接转换为电能，提供了一种可持续和环保的能源可能性。通过对这些能源供应方法的综合应用，将进一步提高海洋机器人的操作效率和环境适应能力。

总体来说，海洋机器人的材料设计是一项涉及多重考量的综合性工程挑战，需要在性能、重量、耐腐蚀性和成本等多个方面进行权衡。从传统的金属材料如铝合金、不锈钢和钛合金等，到先进的非金属材料如碳纤维复合材料和陶瓷等，每种材料都有其独特的优势和应用场景。这些材料的选择直接影响机器人的结构强度、重量和耐腐蚀性。同时，表面防护技术的应用进一步提升了材料的耐腐蚀性，确保了机器人在长期工作中的可靠性与耐用性。能源供应的持续革新，例如，从不可充电的一次电池，到可充电的二次电池，再到燃料电池，以及利用海洋环境本身的清洁、无污染、可再生的蓝色能源解决方案，为海洋机器人提供了更长的作业时间和更强的环境适应能力。

2.3.2 结构设计

基于选定的材料，需要进一步优化海洋机器人的结构设计来更好地应对物理安全风险，主要包括流线型设计、密封设计和耐压结构设计。这些设计理念和技术不仅关系到海洋机器人的性能和效率，更直接影响其在极端环境下的生存能力。

1. 流线型设计

从海洋机器人的结构布局和防护设计方面来说，应优化机器人的流线型外形设计，降低其在水下的阻力和碰撞风险。这种设计理念不仅适用于海洋机器人，更是众多运动载具的核心原则，广泛应用于飞机、汽车和高速列车等领域。通过优化外形减少凸出结构，平滑表面过渡以减少运动阻力，提高能源效率，并降低碰撞风险。流线型设计在飞机的流线型机身和机翼、汽车的车身以及高速列车的尖锐车头设计中得到了充分体现。在海洋机器人领域，中国科学院沈阳自动化研究所研制的“探索 1000”自主水下机器人是一个典型案例，如图 2-10 所示。

图 2-10 “探索 1000”自主水下机器人

海洋机器人流线型的机身可以更好地适应水流，减少涡流和湍流的产生，提高海洋机器人的运动稳定性和操控性能。未来，可以借鉴仿生学原理，模仿鱼类、海豚等海洋生物的体型特点，优化机器人的流体动力性能，进一步提高其在复杂海洋环境中的机动性和灵活性。

2. 密封设计

海洋机器人良好的密封可有效防止海水渗入，尤其是在深海高压环境下。海洋机器人的密封结构通常分为静密封结构和动密封结构两大类。静密封在密封结合面之间无相对运动，而动密封在密封结合面处存在相对运动。常见的密封形式主要包括填料密封、橡胶密封圈密封、油封、机械密封、真空密封等。其中，O 形密封圈作为橡胶密封圈的代表，具有优异的水密性与抗压能力，以及装配方便、成本较低等优点，在海洋机器人的密封设计中具有广泛的应用。O 形密封圈可在高水压条件下保持弹性变形，实现可靠的静密封和动密封，密封机理如图 2-11 所示。

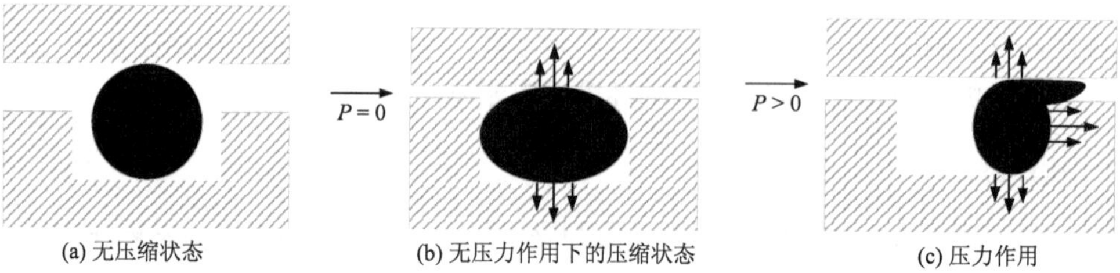

图 2-11　O 形密封圈密封机理

此外，O 形密封圈可用材料种类广泛，常用的包括氟橡胶、丁腈橡胶、乙丙橡胶、硅橡胶等，可根据具体的工况条件和介质特性进行选择。而且，O 形密封圈还具有良好的弹性适应性，能够应对密封面的加工误差和变形。

根据 O 形密封圈沟槽形式，可以将其分为轴向密封和径向密封。轴向密封用于阻止流体径向流动，径向密封则用于阻止流体轴向流动。动密封，也称为端面密封，是一种旋转轴用机械密封技术，经常用于海洋机器人推进器的密封设计。在动密封的众多形式中，油封和磁耦合动密封凭借其优异的性能，得到了广泛的应用。油封能够提供可靠的密封效果，但其密封圈在长时间运行后不可避免地会出现磨损，需要定期停机维护和更换，这不仅增加了维护成本，也影响了设备的连续运行时间。相比之下，磁耦合动密封作为一种创新的密封技术，巧妙地利用磁力来传递动力，实现了可靠的密封功能，并且无须维护，具有广阔的应用前景。

3. 耐压结构设计

为应对海洋机器人在深海的极端压力，其耐压舱多采用球形外形设计，因为球形受到的应力分布最为均匀，不存在应力集中现象。美国特里顿潜水器公司设计的“Triton”潜水艇就采用了这种典型设计，如图 2-12 所示。然而，球形的耐压舱也存在一定的局限性。其内部空间利用率相对较低，难以布置体积大、形状复杂的仪器设备，如声呐探测系统和机械手臂等。这就需要增加耐压舱的尺寸，进而导致重量和成本的上升。虽然采用不规则形状可以更好地匹配特定的布局要求，但会造成应力集中，降低整体强度。

图 2-12 “Triton”潜水艇

此外，在现有的海洋机器人设计中，圆柱形壳体由于其诸多优点被广泛采用。圆柱形壳体易于加工制造，可以利用现有的成熟工艺，降低制造成本；其内部空间利用率高，可以灵活布置各种设备。此外，圆柱形壳体还可以与其他形状的封头组合，如半球形、椭球形和圆锥形等，形成结构更加优化的耐压壳。在实际应用中，大型观光潜水器多采用圆柱形耐压壳，如中国“蛟龙”号研发团队研制的“寰岛蛟龙”载客型潜水器，如图 2-13 所示。其载人舱通常由一段圆柱形壳体和两个半球形封头组成，内径一般为 1.8～2.6m。这种设计可以在保证足够强度的同时，提供相对宽敞的乘员空间，提升乘客的舒适度和观光体验。

图 2-13 “寰岛蛟龙”载客型潜水器

另外，在高压水下环境中，电子器件的选择和保护也是保障海洋机器人可靠运行的核心要素。采用小型化、高集成度的元件，如片式电阻、贴片电容、微型传感器等不仅能够显著减小电路系统的整体体积，节省宝贵的舱内空间，还能减少互连线缆的数量和长度，降低连接失效的风险，提高系统的可靠性。此外，一些核心元件，如电子舱、电池舱等，通常封装在小型舱内，并采用压力补偿技术以保证其在极端压力下正常工作。英国的“Autosub 6000”自主水下机器人采用了一种称为“充油压力补偿”的技术。该电池舱是一个密封的小型压力容器，内部安装了电池组，并填充了液压油。当机器人下潜时，外界水压不断升高，但由于舱内充满了不可压缩的液压油，因此舱内压力会随着外界压力同步提高，从而实现了内外压力平衡。这种“压力补偿”设计可以有效防止电池舱受到外界高压挤压变形而损坏。同时，油液优良的绝缘性能也可防止海水渗入导致电池短路失效。电子舱、电池舱等关键封装舱的可靠性，是确保海洋机器人能够下潜至深海，并在海底执行数小时甚至数天探测任务的基础。

海洋机器人的结构设计是一个多方面、多学科交叉的复杂工程问题。通过流线型设计、密封设计和耐压结构设计，可以有效提高海洋机器人在深海极端环境中的生存能力和工作效率。流线型设计优化了机器人的流体动力学性能，降低了运动阻力和碰撞风险。密封设计，特别是 O 形密封圈和创新的磁耦合动密封技术，为机器人提供了可靠的防水保护。耐压结构设计则通过球形、圆柱形等特殊形状的耐压舱以及压力补偿技术，使机器人能够承受深海巨大的水压。

2.3.3 功能设计

除了上述在物理设计方面的考量外，功能设计对海洋机器人的物理安全防护同样至关重要。海洋机器人的功能设计不仅需要考虑其操作效率和任务执行能力，还必须兼顾各种环境因素和潜在风险。为了提高其性能并确保安全稳定的运行，需要整合和优化多种关键功能，涵盖传感器技术、控制算法、导航定位、监测系统和能源管理等诸多方面。只有将这些关键功能高度集成并协同，才能真正提高海洋机器人的整体操作性能和可靠性，使其能够胜任各种复杂的海洋任务。

1. 传感器系统

从海洋机器人的功能设计角度防范碰撞风险，需要综合利用多元传感器，如声呐、光学、红外等，实时获取周围环境的信息。不同类型的传感器各有优缺点。声呐传感器可以探测较远距离的障碍物，并获取其位置、速度等信息。光学传感器，如摄像头、激光雷达等，可以获取高分辨率的图像和点云数据，精确感知近距离障碍物的形状和尺寸等特征。红外传感器则可以在浑浊、黑暗的水下环境中发挥作用，探测障碍物的热辐射特性。

2. 导航定位系统

导航定位系统为海洋机器人提供位置和航向信息等，对海洋机器人的定位及控制至关重要，是海洋机器人安全有效执行任务的前提保障。导航精度直接影响避障效果和任务完成质量。定位误差的累积会导致机器人偏离预定航线，增加碰撞风险，甚至完全丧失方位感。然而，海洋机器人的导航定位却面临着独特的挑战，GPS 信号无法穿透水面的限制以及缺乏独立的本体感知定位系统。为克服这些障碍，海洋机器人通常采用多元化的导航策略。除了传统的惯性导航和全球卫星导航系统外，还整合了多种专为水下环境设计的技术，包括：水下声学导航，利用声波在水中的传播特性进行定位；地球物理导航，利用地球磁场和重力场的变化提供位置参考；地形匹配导航，通过比对预先存储的海底地形数据来确定位置。这种多系统集成的方法不仅提高了定位精度，还增强了导航的可靠性和适应性，使海洋机器人能够在复杂多变的海洋环境中安全、高效地完成任务。

3. 控制系统

要结合先进的运动控制算法，实现海洋机器人的自主避障。控制系统通过各类传感器获取环境信息，并构建障碍物模型。基于障碍物模型，控制系统规划出安全、高效的运动轨迹。控制系统将规划的轨迹转化为对推进器、舵等执行机构的控制指令，实现运动跟踪。这需要控制系统具备高精度、强鲁棒性和快响应的特点，确保机器人能够精确跟踪避障轨迹，应对复杂多变的水下环境干扰。先进的控制方法有自适应控制、滑模控制、智能控制、复合控制等。随着人工智能技术的发展，深度学习、强化学习等方法为海洋机器人避障提供了新的思路。这些技术可以更加智能地推理障碍物的运动意图和未来轨迹，从而做出更加准确、长远的避障决策。尤其是强化学习方法可以通过不断的试错和环境交互，使海洋机器人学习得到最优的避障策略和控制策略，在复杂未知环境中具备自主学习和适应的能力。将深度学习和强化学习与传统的避障算法相结合，有望进一步提升海洋机器人的智能避障和自主决策水平。

4. 监测系统

为了应对海洋机器人的腐蚀问题，集成腐蚀监测与防护系统对于海洋机器人是十分必要的。先进的腐蚀监测技术，如电化学噪声与超声导波等，可实现对关键部位腐蚀状况的实时在线监测。防护系统则可根据监测信息，更新防护涂层、释放缓蚀剂等，实现主动防护功能。

同样，应当加强对海洋机器人密封状态的实时监控。通过在耐压舱内布置渗水传感器，可及时检测渗水情况。当监测到湿度信号发生异常变化时，监控系统应及时发出警报，提醒操作人员采取应急措施。此外，在日常维护保养中，要定期检查密封圈、密封面等零部件的老化磨损情况，及时更换失效部件。对水密性存疑的海洋机器人，应在海试前进行气密性实验，考核海洋机器人能否正常工作。

此外，压力监测也是海洋机器人进行安全监测的重要手段之一。通过在耐压舱内部安装压力传感器，可以实时监测舱内压力水平，一旦舱内压力发生异常变化，将触发报警和应急程序。海洋机器人在海试前应进行水压实验，模拟实际工作压力，确定海洋机器人可承担的最大压力。

5. 能源管理系统

为了确保海洋机器人在执行任务时拥有充足的能源供应，需要实现一个完备的能源管理系统。该系统集成了存储、分配、监控和控制等多个功能，旨在优化电力消耗、延长作业时间、提高能源效率，并保持任务中能源供应的稳定连续。

海洋机器人通常采用高密度电池或燃料电池作为能源存储单位，能源管理系统负责合理地分配能源到机器人的各个工作模块，如推进系统、传感器和通信设备等。同时，能源管理系统通过安装在机器人上的各种传感器和监测设备，实时监控能源的使用状态和剩余量。基于这些监控数据，控制系统会做出相应的调整，例如，在能源较低时降低某些非关键系统的能耗，或在发现能源消耗异常时提前结束任务以确保安全返回。这些措施有助于预防因能源耗尽而导致的任务失败，并提供必要的数据支持进行能源再规划。能源管理系统的有效运作不仅稳定了机器人的能源供应，还显著提高了执行持续任务的安全性。

2.4 本 章 小 结

本章首先介绍了海洋环境分类以及海洋机器人在不同的海洋环境中面临的各种挑战。然后，系统地介绍了海洋机器人的物理安全问题。一方面，针对海洋机器人执行任务时面临的物理安全问题，重点分析了碰撞、腐蚀、水密性和极端压力等关键问题。另一方面，介绍了一系列有效的防范措施：选用高比强度、抗冲击的材料，优化流线型外形设计，降低碰撞风险；采用高性能防腐涂层，提升抗腐蚀能力；设计高效的耐压壳体和先进的压力补偿系统，确保海洋机器人在高压环境下正常工作。通过在材料、结构、功能等多个层面的综合设计，全面提升海洋机器人的生存能力，为其在复杂海洋环境中安全、可靠、高效地执行任务奠定了坚实基础。通过对这些关键问题的深入分析和解决方案的详细探讨，本章全面展示了保障海洋机器人在复杂环境中安全、稳定运行的多种策略。

思 考 题

2-1　不同类型的海洋环境对海洋机器人的物理安全有何不同影响？请举例说明。

2-2　在海洋机器人的运动过程中，可能发生哪些类型的碰撞？请列举至少三种，并说明其可能的后果。

2-3　海水的哪些特性会导致海洋机器人的腐蚀问题？请简要分析其腐蚀机理。

2-4　水密性对于海洋机器人的重要性体现在哪些方面？请列举至少两点，并说明其影响。

2-5　描述并评估一种你认为可以提高海洋机器人抗冲击能力的新材料或技术。

2-6　在极端高压环境下，海洋机器人的哪些部件最容易发生损坏？请列举两个部件，并分析其失效模式。

2-7　针对海洋机器人的能源问题，除了传统电池外，还有哪些潜在的能源解决方案？评估它们的优缺点。

2-8　讨论海洋环境中的腐蚀问题如何影响海洋机器人的材料选择和防护设计，提供解决方案的示例。

第3章　主 机 安 全

海洋机器人作为一种先进的技术装备，主机不仅是其系统的核心控制中心，更是确保各项任务顺利进行的关键。主机的性能和安全性直接影响海洋机器人的稳定性、可靠性和任务执行效率。主机系统由硬件和软件两大部分组成：硬件部分包括传感器、控制器和执行器以及支持其正常运行的芯片，负责环境感知、数据处理和任务执行；软件部分则负责协调硬件的运行，进行数据分析、路径规划、决策控制和通信。主机系统发挥着重要的作用，也面临着严峻的安全挑战。任何攻击都可能导致数据泄露、设备失控，并进一步威胁任务的完成和人员的安全。因此，需要保护海洋机器人主机安全运行，这通常从多个方面入手，包括但不限于实施严格数据安全防护、优化控制算法、制定芯片安全防护策略以及加强软件安全防护措施。

本章围绕海洋机器人主机系统的安全问题，首先介绍海洋机器人主机系统的组成，包括硬件部分的传感器、控制器、执行器和芯片，以及软件部分的应用程序；其次，分别分析这五个部分各自面临的风险和挑战；最后，详细介绍相应的安全防护手段，以确保海洋机器人在复杂海洋环境中的可靠性和任务执行能力。

3.1　海洋机器人主机系统组成

海洋机器人的主机系统由硬件部分(传感器、控制器、执行器、芯片)及软件部分组成，其工作流程如图 3-1 所示。传感器能够感知海洋环境的各种参数以及机器人自身的状态，如姿态、位置和运动速度等，并将这些数据发送给控制器。控制器通过运行控制算法进行数据分析和决策，并通过芯片协调的通信接口将控制信号发送到执行器。执行器包括推进器、操纵装置，它们接收并执行控制指令，实现闭环反馈控制，是海洋机器人实现动作的

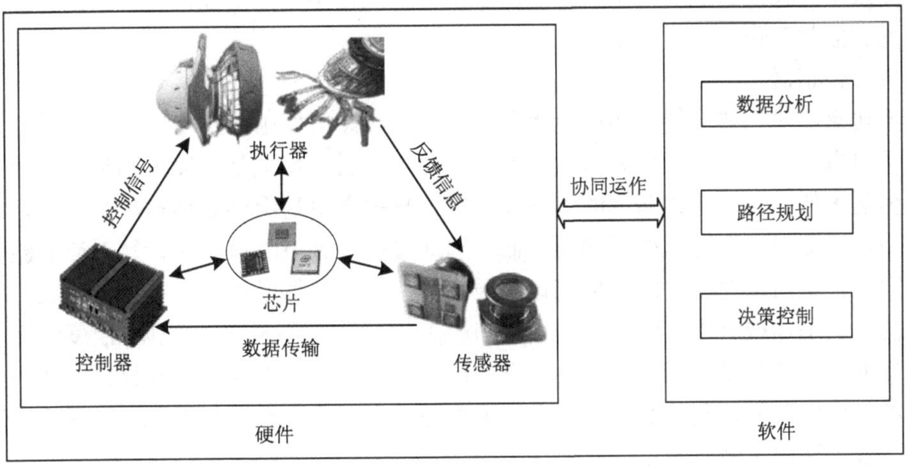

图 3-1　主机系统工作流程

物理基础。此外，芯片在主机系统中负责数据的处理和传递，确保硬件组件之间的通信顺畅，并使执行指令能够迅速响应。芯片提供了必要的计算能力和硬件支持，是硬件层面的核心。软件则包括多种应用程序，通过与硬件的双向数据交互，实现主机系统的有效协同工作。软件不仅负责处理和分析传感器收集的数据，还包括进行决策控制与路径规划等多个功能，确保海洋机器人在复杂的海洋环境中能够自主执行任务，以有效应对环境变化和突发状况。

本节将分别介绍主机系统中这五个部分的概念、组成及相关技术，并通过常见的海洋机器人应用案例，展示其实际场景中的应用。

3.1.1　传感器

在海洋机器人中，传感器负责捕获和监测各种环境信息。它们将物理或化学信号转换为电信号，以供系统分析和处理。这些信息对于海洋机器人的导航、任务执行以及环境适应性至关重要。通过提供实时数据，传感器能够帮助海洋机器人感知周围环境、监控自身状态和进行路径规划，从而确保海洋机器人的稳定运行。

传感器种类繁多，根据功能的不同，大致可以分为三类：环境传感器、状态传感器和导航传感器。每种传感器都有其特定的任务和功能，通过联合使用确保海洋机器人能够高效、准确地执行各种任务。

1. 环境传感器

为监测和收集海洋环境中的物理、化学和生物参数信息，海洋机器人需要使用各种环境传感器进行环境感知。常见的环境传感器包括水质传感器、温度传感器和压力传感器。

1) 水质传感器

在海洋环境监测中，水质传感器主要用于监测和分析水中的各种化学和物理参数，以维护海洋生态系统的健康和安全。水质传感器包括 pH 传感器(测量酸碱度)、溶解氧传感器(测量氧浓度)、盐度传感器(测量盐分)、浊度传感器(检测悬浮颗粒)和电导率传感器(反映盐度)。此外，还有氮磷传感器、温度传感器和溶解气体传感器。多参数传感器进一步提高了监测效率，其能够通过单个设备测量多个物理或化学参数，在河流、湖泊、海洋等水体的研究和监测工作中广泛应用。

2) 温度传感器

温度传感器包括热电偶、热敏电阻和铂电阻等。热电偶由两种不同金属构成的接头组成，利用热电效应产生电压差来测量温度，适用于高温环境，是最简单和最通用的温度传感器，但热电偶并不适合高精度的测量和应用。热敏电阻是用半导体材料制成的，大多为负温度系数，即电阻值随温度增加而降低，因此可以通过电阻值大小计算对应的温度。在理想情况下，电阻值随温度的变化应该是线性的，即温度每增加一定的量，电阻值就会按照固定的比例增加或减少。然而，在实际情况中，大多数热敏电阻的电阻-温度特性并不是完全线性的，而是呈现出某种非线性关系。这种非线性特性主要是由其材料特性和工作原理决定的。铂电阻同样利用金属铂自身电阻值随温度变化的特性，但具有较好的线性度和高精度，非常适用于精密测量。

3) 压力传感器

压力传感器通常包括电容式压力传感器、压阻式压力传感器和光纤压力传感器。电容式压力传感器利用电容器原理，通过压力引起柔性膜片形变，改变极板间距离，进而改变电容量，从而测量压力变化。压阻式压力传感器利用半导体材料的压阻效应，压力变化导致电阻率变化。其特点包括高灵敏度、快速响应和良好的温度稳定性，适用于高精度测量场景。光纤压力传感器通过光纤的微弯效应或光干涉效应检测压力变化，具备抗电磁干扰能力，适合在恶劣环境下使用。

2. 状态传感器

海洋机器人在作业过程中需要时刻监控自身信息，有助于及时发现潜在的问题或异常情况，从而预防故障的发生。这一功能通常利用状态传感器，其能够实时监测和收集海洋机器人自身的状态信息，包括姿态传感器和运动速度传感器等。

1) 姿态传感器

姿态传感器用于测量和记录海洋机器人的姿态，包括俯仰、滚转和偏航。姿态传感器包含三轴(三维空间中彼此垂直的三个方向，通常称为X轴、Y轴和Z轴，分别表示前后方向、左右方向和上下方向)陀螺仪、三轴加速度计和三轴电子罗盘等辅助传感器。三轴陀螺仪测量围绕各轴的旋转速度，用于检测偏航角度的变化。三轴加速度计通过测量在空间三个轴上的加速度，确定机器人的倾斜角度(俯仰和滚转)。三轴电子罗盘是一种能够测量地磁场方向的传感器。姿态传感器通过在X、Y、Z三个相互垂直的轴上测量地磁场的强度和方向来确定设备在三维空间中的朝向。姿态传感器通过实时监测机器人的姿态变化，能够确保海洋机器人在水下保持稳定的姿态，以便有效地执行各种任务，如航行和悬停等。

2) 运动速度传感器

运动速度传感器通常用于监测海洋机器人的线性速度或角速度，常见的运动速度传感器包括多普勒速度传感器和流速仪。多普勒速度传感器利用多普勒效应测量声波或声呐信号的回波频率变化，以计算机器人相对于水的速度和方向。流速仪则通过测量周围水流的速度来估算机器人相对于水流的速度。这些传感器能够提供实时的运动数据，确保海洋机器人精确地控制自身的运动状态。

3. 导航传感器

导航传感器是确保海洋机器人能够在水下精确定位、导航和执行任务的关键设备。常见的导航传感器包括声呐系统和惯性导航系统。

1) 声呐系统

声呐系统利用声波在水中的传播特性进行探测和导航。通过测量声波脉冲的传播时间和相位差，声呐系统能够估计水下物体的位置，测量水下物体的距离、方位和速度，同时生成海底地形图，帮助海洋机器人避开障碍物。

声呐系统分为主动式声呐和被动式声呐。图 3-2 展示了二者的工作原理，主动式声呐通过发射声波并接收反射回来的信号来探测目标，适用于较短距离和高分辨率的探测任务。被动式声呐则不发射声波，仅接收环境中的声波，适用于侦察和监测任务。

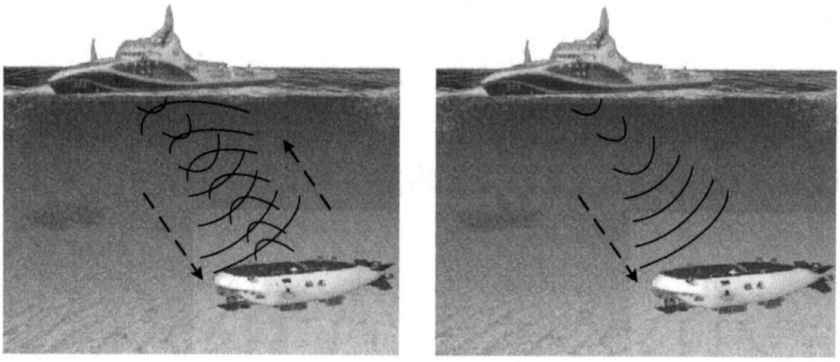

(a) 主动式声呐　　(b) 被动式声呐

图 3-2　主被动声呐工作原理

2) 惯性导航系统

惯性导航系统是一种不依赖于外部信息也不向外部辐射能量的自主式导航系统。惯性导航系统利用惯性测量单元提供的加速度和角速度数据，通过数学积分和转换，推算出物体的速度、位置、姿态等信息。惯性测量单元以牛顿力学定律为基础，通过使用三轴加速度计和三轴陀螺仪分别测量海洋机器人在惯性参考系的加速度和角速度，其原理如图 3-3 所示。首先，三轴加速度计测量海洋机器人在各轴向的线性加速度，三轴陀螺仪测量海洋机器人的角速度，即在各轴向的旋转速率。随后，系统利用三轴陀螺仪的角速度数据，通过积分和坐标变换来计算海洋机器人的姿态变化。接着，系统将三轴加速度计测得的加速度数据转换到导航坐标系中，通过对加速度的积分推算出速度，再对速度进行二次积分推算出海洋机器人的位置。最终，将这些姿态、速度和位置信息呈现给用户或相关系统，用于进一步处理和决策。

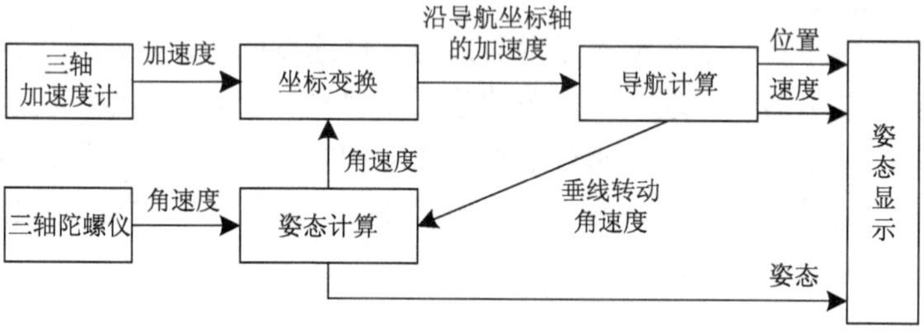

图 3-3　惯性导航系统

3.1.2　控制器

在海洋机器人中，传感器和控制器之间存在着密切的关系。传感器负责将采集的参数转换为可处理的电子信号，而控制器负责接收传感器提供的数据，进行分析和决策，生成相应的控制命令。海洋机器人的控制器主要包括信号处理模块和通信接口两个关键设计，通过相互配合确保生成合适的控制决策，并在复杂的海洋环境中保持稳定性和灵活性。

1. 信号处理模块

信号处理模块对传感器产生的原始数据进行预处理，确保数据的准确性和可靠性，主要处理包括滤波、噪声抑制和数据融合。滤波技术用于去除信号中的噪声，提取出有效的信号成分；噪声抑制则通过信号处理技术，减少环境干扰对数据的影响，提高信号的质量；数据融合将多个传感器的信息进行结合，提供更准确和全面的环境感知，例如，将声呐数据和摄像头抓取到的图像数据进行融合，生成海底地形图。

2. 通信接口

通信接口包括内部通信接口与外部通信接口两种。内部通信接口负责控制器与传感器、执行器之间的交互，通常使用串行接口等有线通信方式，以提供高速稳定的数据传输，实现高效的数据采集与实时控制。外部通信接口负责与外部系统之间的数据交换，如远程控制站、其他海洋机器人或数据中心等。这通常依赖无线通信接口，如声学通信、光通信和浅水区的射频通信等，这些接口能够在复杂的水下环境中有效地进行数据交换。外部通信接口的设计须充分考虑海洋环境的特殊挑战，如信号衰减、干扰和传输延迟等。具体内容在第 4 章中有详细介绍。

3.1.3　执行器

执行器是海洋机器人用来执行具体操作任务的部件，负责将控制系统的指令转化为实际的物理动作，主要包括推进器和操纵装置。

1. 推进器

推进器作为海洋机器人的主要驱动装置，通过改变推力的大小和方向，实现在水中的移动和定位。推进器主要分为螺旋桨推进器、水射流推进器和磁流体推进器。螺旋桨推进器通过旋转螺旋桨产生推力，用于推动海洋机器人前进和后退。该类型推进器适用于常规移动，具有较高的效率和可靠性，广泛应用于自主海洋机器人。水射流推进器利用高速喷射水流产生推力，具有响应速度快、机动性能强的特点，特别适用于高速巡航和紧急回避任务。磁流体推进器通过电磁力驱动水流，具备高效且静音的优势，非常适合执行噪声敏感和高隐蔽性的任务，在军事领域和深海探测中具有潜在优势。

2. 操纵装置

操纵装置是海洋机器人执行物理动作的核心设备，能够帮助机器人完成多种复杂任务。典型的操纵装置包括机械臂、深度控制系统、舵机和控制翼等。机械臂是最常见的操纵装置，具有较高的自由度，能够执行抓取、搬运、组装等多种任务。通常机械臂配备灵活的抓取装置，以适应不同形状和材质的物体，实现高效搬运和精细操作。深度控制系统通过调整浮力或推进装置来改变机器人的深度位置，确保其在特定水层内稳定工作。舵机和控制翼则用于调节机器人在水中的方向和姿态，保证其在动态环境中的灵活性与稳定性。通过这些操纵装置的协同工作，海洋机器人能够在复杂环境中高效执行任务，广泛应用于科学探测、工程作业和军事任务中。

3.1.4　芯片

在海洋机器人主机系统中，芯片是控制和处理各种任务的核心元件，承担着传感、控制和执行等关键任务。芯片内部集成了复杂的集成电路，这些电路将众多电子元件(如晶体管、电阻、电容等)集成在半导体材料上，以实现特定功能。集成电路是芯片功能的核心内容，而芯片作为集成电路的载体，通过封装和集成，使这些电路能够稳定工作。在海洋机器人主机系统中，不同类型的芯片协同作用，共同支持海洋机器人的感知、控制和执行功能，确保系统的高效、安全运行。

1. 传感器芯片

传感器芯片负责将感知到的物理参数转换为电子信号，使海洋机器人能够感知周围环境并做出相应的反应。传感器芯片通常包括以下几个核心组件。

1)感知器件

感知器件是传感器芯片的基础组成部分，其功能在于直接感知环境参数(如温度、压力、pH 等)的变化。例如，温度传感器中的感知器件是热敏电阻，其电阻值会随着温度的变化而变化。当温度发生变化时，感知器件的电阻、电压或电流值也会相应变化。

2)信号处理电路

信号处理电路的任务是优化感知器件产生的初始信号，提高其强度和质量。由于初始信号通常较弱，易受噪声干扰，难以直接用于数据处理和控制，因此需要进行处理。信号处理电路一般包括滤波、放大和噪声抑制等模块：滤波模块用于去除无用频段的干扰，放大模块用于增强信号幅度，噪声抑制模块则用于减少背景噪声干扰。通过这些处理，初始信号被优化为更稳定、强度更高的电信号，为后续的模数转换和数据处理提供高质量的输入。这类电路广泛应用于通信、传感器网络和工业控制等领域。

3)模拟数字转换器

模拟数字转换器负责将信号处理电路输出的模拟信号转换为数字信号。数字信号更易于被计算机系统和控制单元处理和分析，是现代电子设备中广泛使用的信号形式。模拟数字转换器通过采样和量化过程，将连续的模拟信号转换为离散的数字值。这些数字值能够精确地表示原始物理参数的变化，为海洋机器人提供准确的环境数据。

2. 控制器芯片

控制器芯片作为“智能大脑”，处理来自传感器的数据，通过执行控制算法来生成控制指令，从而指导海洋机器人的具体行为。控制器芯片通常包括以下几个核心组件。

1)CPU

CPU 是控制器芯片的核心部件，负责执行预定义的控制算法和逻辑运算。它处理从传感器获得的数据，并生成相应的控制信号，以驱动执行器完成特定任务。控制器芯片实现了海洋机器人的导航、路径规划、任务执行等功能，确保海洋机器人按照预定目标和行为进行操作。

2)存储器

存储器用于临时存储数据和计算结果，如传感器数据、执行器状态和实时计算结果等。它支持高速数据访问和实时处理。

3. 执行器芯片

执行器芯片负责将控制信号转化为实际的物理动作。例如，驱动各种机械部件实现设备移动和姿态调整，从而完成海洋机器人的具体任务。执行器芯片通常包括以下几个核心组件。

1) 驱动电路

驱动电路负责将控制器芯片发出的低电平控制信号放大为足够的电流和电压，以驱动执行器的运动。例如，电机驱动电路可以将微控制器发出的脉冲信号转换为电机的旋转动作。驱动电路的设计需要确保高效能和低功耗，同时提供足够的电流和电压以满足执行器的需求。

2) 控制逻辑

控制逻辑部分负责解释来自 CPU 的指令，并生成相应的驱动信号。控制逻辑包括各种控制算法和信号处理模块，能够调节执行器的操作模式，如速度控制、位置控制等。控制逻辑可以实现复杂的运动控制功能，如闭环控制、比例积分微分(proportional integral derivative, PID)调节和运动路径规划等。这些功能确保执行器在动态和复杂环境下的稳定性和准确性。

3.1.5 软件

在海洋机器人主机系统中，软件模块负责协调硬件组件中的传感器、控制器和执行器，确保这些组件能够有效地协同工作，从而实现系统的稳定运行和任务的顺利完成。软件模块中包含多种应用程序，通过特定的算法与处理逻辑实现系统的高效运作。例如，数据分析应用程序首先通过数据处理算法对传感器收集的环境数据和海洋机器人自身状态数据进行分析，提取出关键的操作信息。随后，决策控制应用程序利用控制算法，根据传感器反馈的数据和当前任务的要求，决定海洋机器人执行的具体操作。这些控制算法涵盖了比例积分微分调节和模糊控制等，能够适应不同的操作环境和任务需求，确保海洋机器人实现精确控制和自主决策。路径规划应用程序则首先通过全局路径规划算法来寻找从当前位置到目标位置的初步路径，然后结合避障方法，在运行过程中根据传感器实时数据进行局部路径规划，从而应对未知或动态障碍物。

通过这些应用程序的协同运作，海洋机器人能够动态协调硬件组件的执行，具备数据分析、决策制定和路径规划等复杂功能，从而灵活应对复杂多变的海洋环境以及突发事件，确保任务顺利完成。

3.1.6 应用案例

由于分工和任务的不同，需要设计多种类型的海洋机器人主机系统来适应特定的需求和环境挑战。随着相关技术的不断发展，海洋机器人能够更加智能化地执行复杂任务、处理海量数据，并在极端或未知的海洋环境中进行自主决策。这些技术的应用不仅提高了海洋机器人的作业效率和可靠性，还开拓了其在科学研究、资源勘探、环境监测等方面的广阔前景。常见的系统应用案例主要有环境感知系统和智能控制系统。

1. 海洋机器人环境感知系统

环境感知系统是海洋机器人的“感官”，负责收集和处理各种环境信息，通过多种组件协同工作，对周边环境信息进行精确的捕获，实现高效感知。图 3-4 展示了环境感知系统装置工作流程，通过联合多种传感器来适应不同的任务需求。这些传感器将收集的多种环境信号汇聚至信号处理单元，通过数据处理提取有用信息。环境感知系统具有多种应用场景，如监测海洋生态系统、预测海洋自然灾害、海洋资源管理与海洋科学研究等。

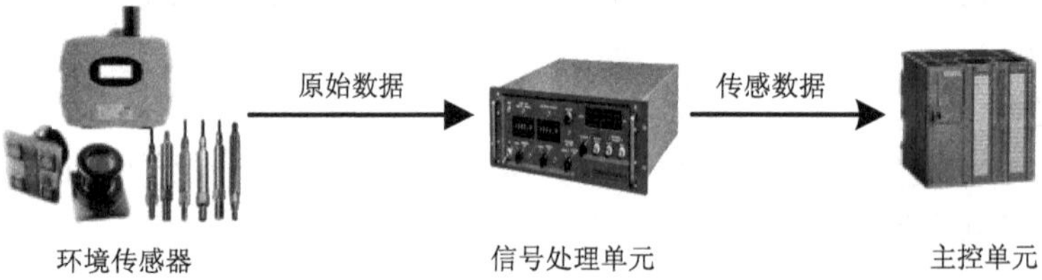

图 3-4　环境感知系统装置工作流程

2. 海洋机器人智能控制系统

海洋机器人智能控制系统主要用于任务规划，通过控制动力、推进器等执行装置及探测声呐等任务载荷，实现航行、机动和任务执行的协调与完成。2004 年，美国海军结合美国国家航空航天局在火星探测器方面的研发成果，启动了机器人感知与控制系统架构(control architecture for robotic agent command and sensing, CARACaS)的开发。该技术已广泛应用于多种无人海上系统的控制框架。

图 3-5 为 CARACaS 框架图，由行为引擎、动态规划引擎、感知引擎等三大模块组成。CARACaS 框架展示了无人驾驶船只的自主导航和控制流程，从感知环境到执行动作，整

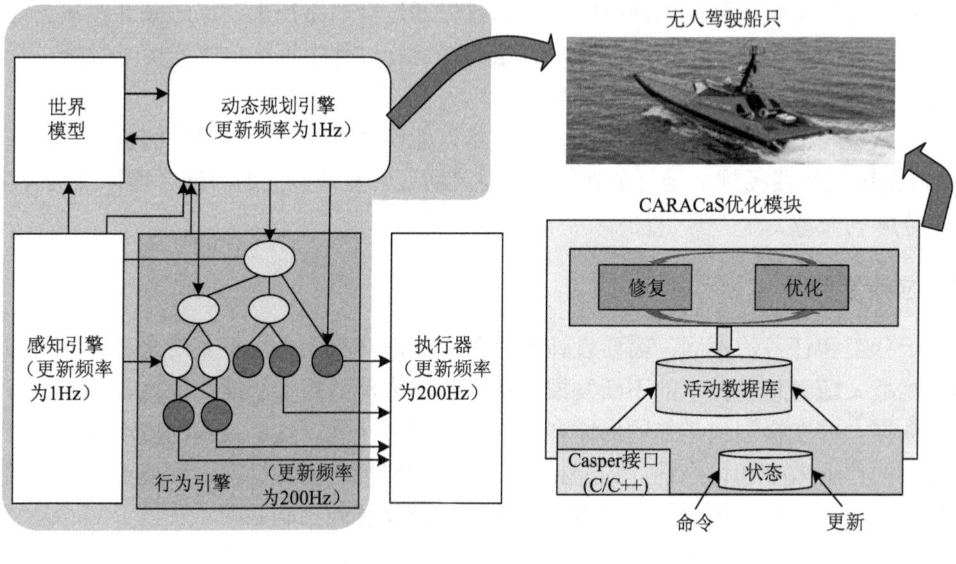

图 3-5　CARACaS 框架图

个系统通过多个模块的协作实现这一过程。首先，感知引擎从各种传感器获取数据，实时感知船只的环境，并将这些信息更新到世界模型中。基于此，动态规划引擎以1次/秒(1Hz)的频率进行更新，制定船只的整体行动计划，如路径规划和避障策略等。其次，行为引擎以200次/秒(200Hz)的频率接收动态规划引擎的输出，将其转化为更具体的操作指令，同时根据实时感知的数据进行微调。随后，执行器将这些指令转换为物理操作，控制船只的方向和速度。活动数据库中的数据能够反映当前操作状态，Casper 接口(用于数据交互，接收命令并反馈系统状态)将这些数据反馈到相关模块，使系统能够在操作过程中随时进行状态更新和调整。此外，修复与优化模块通过获取活动数据库中的数据，不断修复和优化控制策略，以提升系统的整体性能和响应速度。最终，经过优化的计算结果被应用到无人驾驶船只上，使其能够在复杂和动态的环境中自主完成任务。

3.2 海洋机器人主机安全风险

随着海洋机器人应用场景的增多和任务难度的提升，主机系统的设计复杂度和所面临的风险同步增加。正如主机系统包含上述传感器、控制器、执行器、芯片和软件五个主要部分，每部分都可能带来不同的安全风险。了解这些风险对于确保主机系统的整体安全至关重要。

3.2.1 传感器数据安全风险

在海洋机器人中，传感器是收集环境数据的关键部件，这些数据包括但不限于水温、盐度、水质与生物活动等信息。这些信息可能具有重要的科学意义和战略意义，同时也可以帮助海洋机器人制定对应的控制决策来执行任务。因此，确保这些数据的安全性尤为重要。然而，传感器可能面临着多种安全风险，包括数据窃取与篡改、环境误导等。

1. 数据窃取与篡改

数据窃取与篡改是一种严重的安全风险，涉及传感器数据在采集、传输和存储过程中的完整性被恶意破坏，可能导致海洋机器人收集到的重要信息丢失，或在任务执行过程中做出错误决策。具体内容如下。

1) 传感器数据窃取

传感器数据窃取通常是指未经授权地获取他人数据的行为。在海洋机器人系统中，数据窃取可能通过多种手段实现，如黑客攻击、内部人员泄露、无线信号拦截等。一旦海洋机器人采集的高价值敏感数据被不法分子或竞争对手国家获取，不仅会导致国家安全和经济利益受损，还可能引发国际争端。

2) 传感器数据篡改

传感器数据篡改是指攻击者对传感器采集的原始数据（如温度、压力、流速、位置等）进行恶意修改的行为。篡改方式主要分为物理接触和网络攻击两类：物理接触指攻击者通过直接接触传感器设备，改变其工作参数或篡改采集到的数据；网络攻击则是通过拦截传感器与控制系统之间的通信，注入虚假数据。数据篡改可能对海洋机器人自身及相关任务造成严重影响。例如，向传感器注入虚假数据可能导致机器人偏离既定路线或撞击障碍物，影响其正常运行，甚至导致任务中止。此外，错误的数据会干扰环境评估和决策的准确性，降低科研和应用的可靠性。这不仅可能浪费大量资金和资源，还可能因错误判断而延误关键决策。更值得关注的是，数据篡改可能掩盖实际的危险情况或人为制造虚假的紧急情景，从而增加设备和人员的安全风险。

2. 环境误导

环境误导是指攻击者通过操纵环境中的物理特性或信号，向传感器传递虚假的环境信息。环境误导的手段有很多，主要包括物理欺骗、信号欺骗和诱饵策略等。这些手段通过改变或操控物理环境、发送虚假信号或设置诱饵，使传感器获取误导性信息，从而导致海洋机器人做出错误判断。物理欺骗可以通过放置虚假目标或制造物理干扰来迷惑传感器，例如，利用假物体、反射镜或伪装网，使机器人在导航或避障时产生误判。信号欺骗则通过伪造或操控信号，如 GPS 欺骗和声学欺骗等，误导海洋机器人的定位系统或声呐系统，干扰其执行任务的准确性。诱饵策略通过设置假信号源或利用环境特征误导传感器，使海洋机器人偏离预定路径或目标，可能导致意外碰撞或任务失败。

3.2.2　控制器安全风险

控制器安全主要涉及主控制器和辅助控制器两方面。主控制器负责核心操作和决策，一旦发生故障，可能导致整个系统瘫痪。辅助控制器通常用于补充主控制器的功能，提高系统的可靠性和安全性。一旦主控制器发生故障，辅助控制器可以接管部分操作，确保系统的持续运行。

1. 主控制器故障

主控制器作为海洋机器人控制系统的核心处理单元，负责关键任务的决策。一旦主控制器发生故障，整个海洋机器人系统可能面临失效风险。常见的故障类型包括处理器故障和通信故障等。处理器故障通常由过热或硬件损坏引起，可能导致数据处理能力丧失或算法无法执行，从而使海洋机器人失去对环境的感知和控制。通信故障则可能发生在主控制器与传感器、执行器之间的信号传输过程中，如果数据无法正常传输或指令未能有效执行，海洋机器人将无法完成预定任务。

2. 辅助控制器故障

辅助控制器在海洋机器人中负责特定任务的处理，尽管其重要性可能不如主控制器，但其发生故障仍会对相关任务的执行产生直接影响。例如，导航控制器作为辅助控制器的一种，负责处理海洋机器人在水下的定位和路径规划。如果导航控制器发生故障，海洋机器人可能会失去定位能力，无法按照预定轨迹运行，导致任务偏离或失败。类似地，姿态控制器负责保持海洋机器人的稳定姿态，一旦出现故障，海洋机器人可能无法维持平衡或正确的姿态，这不仅会增加与周围环境的碰撞风险，还会导致操作过程的不稳定性，进而影响整体任务的安全性和成功率。

3.2.3 执行器安全风险

在执行系统中，动力系统是其核心组成之一，也是故障风险的主要来源，主要包括推进器故障和操纵装置故障。

1. 推进器故障

推进器故障通常由多种原因引起，如机械损坏、电气故障或外部环境因素等。常见的故障类型包括螺旋桨损坏、电机故障和水射流堵塞等。螺旋桨损坏是指螺旋桨叶片因碰撞或腐蚀而造成损伤，导致推力减小或推进功能失效；电机故障是指电机由于过热、线圈烧坏或电气连接问题而无法正常工作；水射流堵塞则是指推进器因异物堵塞而失效，影响海洋机器人的机动性。

2. 操纵装置故障

操纵装置用于控制海洋机器人的方向、姿态和执行工具，发生故障会直接影响任务执行能力。常见的故障类型包括舵机卡滞、机械臂故障等。舵机卡滞是机械部分可能被沙石或海洋生物附着而卡住，导致方向控制失灵；机械臂故障则可能由于关节磨损、液压系统泄漏或控制信号失效而无法正常操作。

3.2.4 芯片安全风险

芯片作为传感器、控制器和执行器的核心组件，承担信号处理、数据运算和逻辑控制的关键任务，是实现这些设备功能的重要支撑。芯片面临的安全风险主要来源于两方面：芯片本身的设计缺陷与硬件木马植入。

1. 设计缺陷

设计缺陷是指在芯片的设计阶段由于疏忽、错误或者故意行为而引入的安全漏洞，这些漏洞可能会被恶意攻击者利用，从而对系统进行攻击或者篡改。芯片的设计缺陷尤为关键，直接影响到数据准确性和系统的安全性。常见的设计缺陷包括后门漏洞和缺乏冗余设计等。

后门是指在芯片设计或者制造过程中故意插入的能够绕过正常安全机制的功能或代码。设计者可能会出于管理或者监控的目的而故意留下后门，但如果未经充分保护，后门也可能被攻击者利用进行非法操作。例如，在某些处理器中，存在一些隐藏的指令或者特殊访问路径，设计者可以通过这些后门进行调试或者特定控制，然而这些功能如果未妥善管理或保护，可能会被黑客利用来绕过正常的验证流程，获取系统的控制权或者敏感信息。2007年，以色列轰炸叙利亚东北部潜在的核设施时，由于内部的处理器芯片被植入后门，因此叙利亚的预警雷达形同虚设，没有发出任何警报。

冗余设计在芯片设计中尤为重要，能够确保在硬件或者软件故障时系统继续可靠运行。缺乏冗余设计的芯片，一旦发生故障，将导致整个系统的功能性降低甚至完全丧失。对海洋机器人这种需要在复杂环境中长时间运行的设备，这种设计缺陷尤为危险，因为故障可能发生在无人可及的远洋区域，修复和维护难度极大，可能会导致设备的永久损坏与任务的失败。

2. 硬件木马植入

硬件木马是一种隐蔽的电子电路，通常设计成可以嵌入到芯片中，以实现未经授权的功能。这种木马可以在芯片的设计阶段或制造过程中故意添加进去，其目的是在特定条件下激活，以获取敏感信息、破坏设备功能或控制整个系统。硬件木马难以检测和清除，并能够绕过许多软件层的安全防护。攻击者若在芯片中植入硬件木马，以长期潜伏和隐蔽攻击的方式窃取或篡改数据，干扰系统决策的制定与执行，会造成重要信息的丢失，降低作业效率，甚至破坏海洋机器人自身。

3.2.5　应用程序安全风险

应用程序安全问题不仅会影响系统的正常运行，还会导致数据泄露和设备失控等严重后果。例如，数据采集与分析程序需要处理并分析海洋机器人传感器收集的水文数据、生物样本或海洋地底数据。然而，一旦数据处理算法存在缺陷，会导致分析结果不准确。此外，恶意程序攻击和程序篡改也是显著的安全威胁。黑客可以通过植入恶意程序，破坏数据采集过程，甚至操控海洋机器人，造成数据泄露或设备损毁。如果数据处理相关程序被攻击，采集到的数据可能会被恶意修改或删除，导致研究结果不可靠，甚至对环境保护和海洋资源管理产生负面影响。

控制器和执行器的运行也离不开应用程序的支持。控制算法是海洋机器人实现自主操作和执行复杂任务的关键，其主要风险体现在算法的稳定性上。算法稳定性确保海洋机器人能够按照预期的方式执行任务，即使在面对海洋环境中的复杂噪声、海洋机器人系统参数变化或其他不确定性因素时，也能够应对自如，保持稳定的性能和准确的决策。算法缺乏稳定性可能导致错误的决策制定，影响海洋机器人的综合表现。而对于装有机械臂的海洋机器人，其控制程序需要精确同步多个关节的运动，如果程序自身存在缺陷，则会导致机械臂动作失误，从而引发任务失败或设备损坏的情况。此外，黑客可以通过篡改控制程序，使机械臂的控制系统失控，执行错误操作，造成任务失败、设备损坏等后果，甚至危及周围的其他设备和人员安全。

3.3　海洋机器人主机安全防护手段

海洋机器人主机在运行过程中面临的多种安全风险会导致一系列严重后果，如数据篡改与泄露、决策制定错误、设备故障和失控等，严重影响海洋机器人执行任务的稳定性和安全性。

为了有效应对这些安全风险，确保海洋机器人在复杂恶劣环境下的可靠运行，需要采用多层次的主机安全防护手段，包括传感器数据安全、控制器与执行器的安全机制、芯片安全以及应用程序安全。通过多种防护手段的联合应用，可构建全面稳固的安全体系，显著提升海洋机器人主机的安全性和可靠性。

3.3.1 传感器数据安全防护

传感器安全防护主要面向数据安全，通过多种技术手段和策略保护传感器免受数据窃取与篡改以及环境误导风险，从而确保传感器数据的准确性和完整性，维护传感器功能的正常运行。

1. 数据窃取与篡改防护策略

传感器数据篡改涉及攻击者通过篡改传感器数据来误导海洋机器人进行错误的决策和行动。为了应对海洋机器人系统中数据窃取与篡改的问题，必须采用多层次、多维度的防御措施来确保数据的安全性。主要包括以下几个方面。

加强物理安全：海洋机器人及其数据存储设备应当具备防盗、防破坏的物理保护措施，确保设备在恶劣环境中的稳定运行。

多重传感器融合：通过整合来自视觉、声学、惯性等不同传感器的数据进行交叉验证，利用多模态处理技术确保数据的一致性和准确性，从而增强对篡改数据的检测能力。

访问控制和权限管理：通过严格的访问控制，限制对传感器和相关数据的访问权限，仅授权人员可操作，并通过角色管理机制确保只有特定角色能够访问或修改关键传感器数据。

2. 环境误导防护策略

环境误导是攻击者利用海洋环境中的自然特征，干扰海洋机器人对周围环境的正确感知和判断。针对环境误导的风险，可以采用传感器多样化和冗余设计、环境建模与模拟、自适应系统设计等防护策略。

传感器多样化和冗余设计策略与上述多重传感器融合策略相似，采用多样化的传感器系统，结合声呐、雷达、摄像头等不同传感器的信息，降低单一传感器被误导的风险。同时，增加传感器冗余设计，确保即使某个传感器失效或被误导，其他传感器仍能提供准确数据。环境建模与模拟技术对海洋环境进行详细的建模和仿真，预先识别可能影响传感器数据的环境因素，建立应对方案。此外，可以预先通过模拟实验识别和优化传感器对环境变化的响应，增强其抗误导能力。自适应系统设计技术能够根据环境变化实时调整传感器的灵敏度和参数设置，实施动态信号处理技术，识别并过滤环境误导信号，从而提高海洋机器人在复杂环境中的适应能力。

3.3.2 控制器安全防护

控制器安全防护通过多种技术手段提升系统的抗干扰能力和故障容错能力，防止意外故障导致的任务中断风险，保护关键控制信号的完整性和机密性，确保在各种环境条件下的持续稳定运行。控制器的安全风险主要涉及主控制器和辅助控制器的故障，这些故障直接影响海洋机器人的自主性和精确控制能力，需要实施相关防护策略，主要在于冗余设计。

1. 主控制器故障防护措施

为确保主控制器的稳定运行，应当采取多重防护措施。针对主控制器的硬件故障风险，需要配备冗余控制器，并采用具有容错设计的处理器。冗余控制器可以在主控制器出现故障时，使用备用控制器接管操作，确保系统的持续运行。容错处理器支持热切换和动态故障恢复，能够降低处理器因持续运行导致的过热或损坏带来的风险。

对于主控制器与传感器或执行器之间的通信中断问题，可以设置双通道机制。在双通道机制中，数据通过两条独立的通信路径传输，这两条路径互为备份，当一条通信链路失效时，另一条能够迅速接替，确保数据传输的连续性和可靠性。

2. 辅助控制器故障防护措施

辅助控制器的设计需要特别关注导航控制器和姿态控制器的故障问题。为此，可以引入冗余导航和姿态控制模块，以确保在发生故障时，系统能够快速切换到备用模块，从而维持基础导航能力和姿态稳定，避免影响整体系统的运行。此外，需要分别为导航和姿态控制器设计自诊断系统和自恢复机制。在控制器中嵌入自诊断系统，可以实时监测设备状态，自动检测和识别故障。一旦检测到问题，系统可以尝试通过软件或硬件方法进行自我修复；若修复失败，则切换至安全模式或备用模块，保证系统运行的连续性。这种设计能够有效避免任务中止或设备失控，提升系统的安全性和可靠性。

3.3.3　执行器安全防护

海洋机器人中的执行器负责将控制器的指令转化为实际的物理动作，包括推进器和操纵装置，其主要安全风险来源于推进器和操纵装置的故障。为保障任务的顺利完成，需要采取多种防护措施，如优化物理结构、设计冗余策略、进行实时监测等，以提高执行器的可靠性和安全性。

1. 推进器故障防护措施

针对海洋机器人的推进器故障风险，首先，需要选择耐腐蚀材料和设计耐用的推进器结构来抵御海水腐蚀和物理磨损，并定期进行螺旋桨和电机的检查与维护，及时清理异物并修复损坏的部件。其次，需要配备实时监测系统来检查推进器的运行状态，从而识别电流和振动异常。最后，采用冗余的推进系统设计，以便在单个推进器失效时，其他推进器能够继续提供足够的推力，确保海洋机器人的正常运作和任务执行。

2. 操纵装置故障防护措施

操纵装置故障风险的防护措施和推进器相似，均需要考虑耐腐蚀材料、定期检查与实时检测以及设计冗余策略。此外，由于在海洋环境中机械臂需要承受高压、腐蚀性海水以及可能的极端温度等恶劣条件，操纵装置还需要进行密封设计等，从而确保操纵装置的正常运行，并延长其使用寿命。

3.3.4　芯片安全防护

芯片是传感器、控制器和执行器的基础，面临着设计缺陷和硬件木马植入等安全风险，因此在设计和制造过程中必须采取有效的针对性防护措施，如芯片设计全流程防护、代码分析和侧信道分析等，从而防止芯片功能失效，确保系统的稳定性和数据完整性。

1. 芯片设计缺陷防护策略

芯片设计缺陷主要在于后门漏洞，通过对整个设计环节进行全流程防护有助于解决该问题。首先，实施严格的访问控制和审计以进行防护，限制所有有关成员的访问权限，并记录所有访问和修改操作，定期审计日志。其次，进行严格的代码审查，并使用静态分析工具自动检查代码中的潜在后门和安全漏洞，特别关注关键模块和安全功能部分。随后，定期进行设计评审，邀请独立的安全专家参与，识别和消除潜在的后门，并进行详细的威胁建模，识别芯片设计中的潜在后门和攻击途径。同时，定期进行安全测试和渗透测试，模拟实际攻击场景，检查系统是否存在后门漏洞。最后，集成硬件信任根，确保只有经过认证和授权的硬件和程序才能运行，并实现安全启动机制，验证启动过程中加载的所有代码。

芯片设计过程中还应考虑多重冗余设计，增强应急响应能力。例如，在关键硬件组件中双模或多模冗余，确保在一个组件失效时，系统能够自动切换到备用组件，并实现容错设计，确保系统在部分组件失效时仍能继续运行；开发冗余的程序模块，确保在一个模块出现故障时，备用模块能够接管其功能，并实现自动恢复机制，确保系统在检测到故障时，能够自动恢复到正常状态。

2. 硬件木马防护策略

硬件木马是指故意或非故意植入到芯片中的恶意硬件组件，可以用来窃取信息、破坏系统功能或进行其他恶意活动。硬件木马可以通过硅前验证和硅后验证进行检测。硅前验证在芯片设计阶段进行，主要通过形式化验证、仿真测试和代码分析来确保芯片中没有恶意逻辑。硅后验证在芯片制造完成后进行，通过功能测试、侧信道分析和硬件分析来检测是否存在隐藏的恶意逻辑。

在上述多种验证手段中，代码分析与侧信道分析作为关键技术手段，在硬件木马检测中发挥着重要作用。代码分析能够深入审查芯片设计的实现细节，致力于在早期阶段识别并消除潜在的恶意逻辑，从而有效降低硬件木马植入的风险，显著提升芯片设计的安全性与可信度。而侧信道分析则通过监测芯片在运行过程中的侧信道信息(如功耗、电磁辐射等)，在不破坏集成电路物理结构的前提下，精准识别隐藏的异常行为，是发现潜在硬件木马的重要手段之一。

1)代码分析

代码分析不仅有助于优化芯片设计，实现高性能和低功耗，还能够发现潜在的安全问题，特别是对抗硬件木马等恶意攻击手段，从而可以提高芯片设计的可靠性和安全性，确保其在实际应用中的稳定性和可信度。

图 3-6 展示了一种结合冗余分支和翻转概率双重分析路径来实现硬件木马检测的综合方法。冗余分支项是指在程序逻辑中存在的分支路径，这些路径在特定条件下可能并无实际功能，通常由设计过时、代码冗余或逻辑错误等问题引起。由于冗余分支在系统执行过程中未必会触发或充分利用，它们可能成为攻击者隐匿恶意代码的载体，因此，对冗余分支的分析能够显著提高对系统中潜在硬件木马的检测能力，从而增强整体系统的安全性。翻转概率是指在数字电路运行过程中，某个节点(如逻辑门的输出或电路中的某个位等)的状态发生变化的概率。较低的翻转概率意味着这些节点的状态不易改变，从而使攻击者更

难通过外部手段操控电路状态。因此，需要定位具有较高翻转概率的节点，这些节点更有可能植入硬件木马。图 3-6 中左侧路径通过提取和分析这些冗余分支，识别并标记出可能隐藏硬件木马的可疑电路部分；右侧路径则通过对电路节点翻转概率的深入分析，发现并标记那些异常高翻转概率的节点。最终，冗余分支的逻辑结构分析与翻转概率的统计特征分析相结合，全面识别出可能存在硬件木马的可疑信号组。这种联合分析方法有效地整合了逻辑和统计两方面的优势，从而大幅提升了硬件木马检测的准确性和覆盖范围。创建可疑电路部分的关键步骤如下。

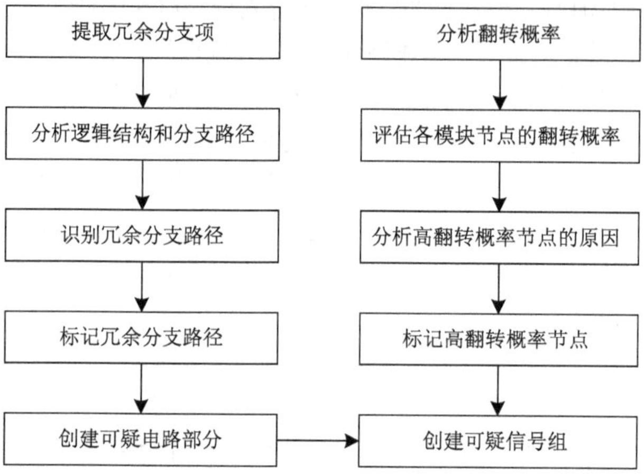

图 3-6　基于代码分析的硬件木马检测方法流程图

提取和分析冗余分支项：对这些分支项的逻辑结构和路径进行详细分析，以便更准确地理解其在代码中的作用和表现。

识别并标记冗余分支路径：通过对逻辑结构和分支路径的分析，识别出其中的冗余分支路径。这些冗余分支路径可能是潜在的硬件木马的藏匿位置，标记这些路径为后续的重点关注对象。

创建可疑电路部分：基于上述标记的冗余分支路径，创建包含可能存在硬件木马区域的可疑电路部分，后续进行进一步检测与验证。

标记高翻转概率节点的关键步骤如下。

分析翻转概率：通过仿真或测试收集电路中各节点的翻转数据，对各个模块节点的翻转概率进行评估和分析。

评估与标记高翻转概率节点：针对每个模块节点，评估其翻转概率。对于那些翻转概率较高的节点，进一步分析其原因。这些高翻转概率的节点容易存在隐藏硬件木马，因此需要特别关注，并在分析中予以标记。

针对标记的可疑电路部分，通过分析其与翻转概率之间的相互关系，创建相应的可疑信号组。信号关联性指的是电路中不同信号的相互依赖关系，例如，它们可能在逻辑上或时序上是同步变化的。分析信号关联性有助于理解这些信号如何共同作用，进而提高检测的准确性。这些信号组包括高翻转概率的核心信号及与之紧密关联的辅助信号，形成一个完整的检测目标集合。对这些信号组进行深入分析，如仿真测试和形式验证等，可以更有效地揭示潜在的安全隐患，如硬件木马的植入点等，并为改进电路设计提供了机会，从而提升整体设计的安全性和可靠性。

在创建可疑信号组后，需要进行详细的检测与验证，以确保系统的安全性。首先，通过仿真测试，使用仿真工具模拟电路的运行情况，观察可疑信号组在不同输入条件下的表现，识别潜在的异常行为。其次，进行形式验证，利用形式验证工具对电路设计进行严格的数学证明，确保可疑信号组及其逻辑结构符合预期的安全标准，不存在未授权的行为或潜在的硬件木马。随后，在实际硬件上进行测试验证，加载可疑信号组进行功能和性能测试，确认其在真实环境中的表现是否符合设计要求，并无意外的行为或漏洞。最后，进行安全评估，综合所有测试数据，识别和分析可能的安全隐患，提出改进建议，以提升系统的整体安全性和可靠性。这一系列步骤确保了对可疑信号组的全面检测，帮助有效揭示和防范潜在的硬件木马。

2)侧信道分析

侧信道分析通过芯片运行时泄露的侧信道信息，如功耗和电磁辐射等，进行异常行为的检测。基于侧信道分析可以实现对硬件木马的高效检测。

基于电路原始设计数据的侧信道可信模型检测流程如图3-7所示，基于侧信道可信模型的硬件木马检测流程包括以下几个关键步骤：首先，通过获取待测芯片的PCB版图(电路板的物理结构)和门级网表(电路的逻辑结构，用于描述电路元件相互连接关系)，准备输入数据。其次，将这些数据输入仿真器中，生成相应的侧信道可信模型，并对其进行优化，以确保模型准确反映芯片的侧信道特性。随后，在实际硬件环境中提取待测芯片的侧信道曲线，这些曲线包含了芯片在不同工作状态下的实际侧信道信号。通过将这些实际侧信道信号与优化后的侧信道可信模型进行对比，可以识别出潜在的硬件木马。如果发现硬件木马，还需进一步对硬件木马电路与原始设计电路进行对比分析，以确定硬件木马的具体存在和性质。如果检测出异常，需要进一步的硬件分析来确认硬件木马的存在和具体位置，并采取相应的修正措施。通过上述流程，可以利用仿真工具对电路的原始设计数据进行分析，建立高可信性的侧信道模型，与采集到的实际侧信道信息进行比对，从而有效检测硬件木马，确保芯片的安全性和可信性。

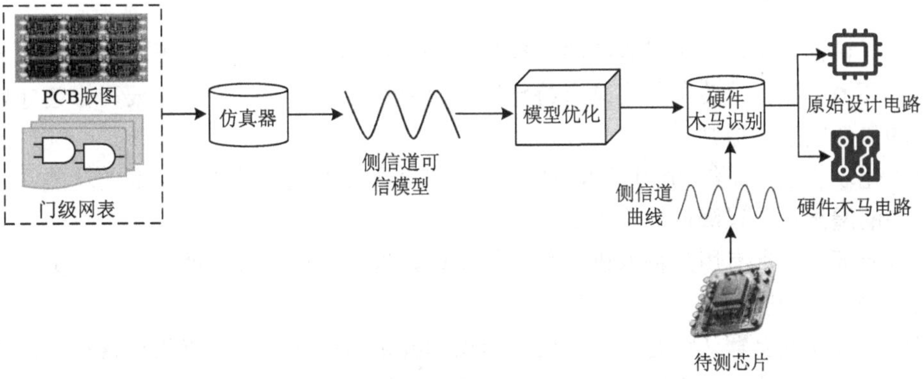

图3-7　基于侧信道可信模型的硬件木马检测流程

针对芯片的安全防护是一个复杂的过程，通常需要综合运用多种技术和方法来防护设计缺陷与硬件木马问题。每种方法都有其适用范围和局限性，选择合适的安全防护方法需要综合考虑芯片的具体需求、成本预算和技术可行性等因素，因此，实践中通常结合多种方法来构建多层次的安全防护体系，以达到最佳的安全防护效果。表 3-1 总结了芯片安全防护方法的优缺点。

表 3-1　芯片安全防护方法的优缺点

防护方法	优点	缺点
实施严格的访问控制和审计	减少内部威胁； 及时发现异常活动	耗费资源和时间； 可能降低工作效率
使用静态分析工具 进行严格的代码审查	早期发现和修复漏洞； 确保关键模块安全性	增加开发成本； 可能存在误报和漏报
集成硬件信任根和安全启动机制	提高系统安全性； 防止未授权代码执行	增加复杂性和成本； 技术实施难度大
定期进行安全测试和渗透测试	发现并修复后门漏洞； 确保系统持续安全	成本较高； 可能导致系统临时中断或性能下降
代码分析	提高芯片设计的可靠性和安全性	需要高水平的专业知识和经验； 可能会产生误报，需要进一步验证
侧信道分析	提高检测准确性和鲁棒性； 发现硬件木马异常行为	需要复杂的测试流程、设备和环境； 依赖侧信道可信模型的准确性

3.3.5　应用程序安全和应急响应

海洋机器人应用程序安全和应急响应旨在通过多层次的安全措施，保护海洋机器人应用程序免受病毒和恶意攻击的影响。这些措施有助于防御数据泄露、系统篡改和服务中断等问题，保障海洋机器人在执行任务时的可靠性和持久性。为应对应用程序的安全风险，可以采取安全编码实践、安全测试、安全策略与应急响应和算法优化等多种安全防护措施。

1. 安全编码实践

在海洋机器人中，安全编码实践是构建安全应用程序的基础。由于海洋机器人通常在极端海洋环境中运行，应用程序具有特殊性和复杂性，在开发过程中需要严格遵守以下安全编码的最佳实践和原则。

最小化攻击面：系统和应用程序的攻击面应尽量最小化，只使用必要的功能和权限，减少潜在的漏洞点，以降低被攻击的风险。

输入验证：对所有用户输入进行严格的验证，确保它们符合预期的格式和类型，防止输入攻击等安全威胁。

错误处理和安全默认设置：具备处理错误和异常情况的能力，避免泄露敏感信息，确保系统即使在遇到错误时也能够在不影响使用的情况下自行修复。同时，应用程序应使用安全的默认设置，确保在默认状态下不会暴露敏感信息或开放不必要的服务。

代码分离与权限限制：将不同的功能模块和数据分离，使用沙箱或容器化技术来隔离运行，以限制潜在的安全影响。为应用程序和用户分配必要的最小权限，避免过度权限导致的安全风险。

通过遵循安全编码的最佳实践和原则，并避免常见的编程错误，可以显著提高海洋机器人中应用程序的安全性，减少潜在的安全漏洞，从而提高整个海洋机器人主机系统的安全性。

2. 安全测试

应用程序安全测试旨在通过模拟攻击者的行为，发现和修复潜在的安全漏洞，从而防止未授权访问和其他安全威胁。安全测试包括多种方法，旨在从不同角度评估应用程序的安全性。以下是一些常用的安全测试方法和工具。

1）静态应用程序安全测试

静态应用程序安全测试在不执行程序的情况下，对源代码或编译后的代码进行静态分析，以识别安全漏洞，在应用程序开发的早期阶段发现潜在的安全问题。常用的静态应用程序安全测试工具包括 Fortify、Checkmarx 和 SonarQube 等。

2）动态应用程序安全测试

与静态应用程序安全测试相比，动态应用程序安全测试（dynamic application security testing，DAST）不需要源代码，而是在应用程序运行过程中从外部进行测试，通过模拟攻击行为来发现可能的漏洞。流行的动态应用程序安全测试工具包括 OWASP ZAP、Nessus 和 Burp Suite 等。

动态应用程序安全测试是一种黑盒测试方法，测试者无须了解架构、网络或者代码，而是从一个恶意攻击者的角度来测试应用程序。其工作原理可以系统地归纳为以下几个关键步骤。

确定测试范围：确定要测试的应用程序及其范围。

配置测试环境：根据测试需求，配置测试工具以适应特定的测试环境。

启动扫描：测试工具开始自动化地扫描应用程序，发送请求到应用程序的各个端点，模拟正常的用户操作。同时，尝试提交恶意数据以触发潜在的安全漏洞，对恶意攻击行为进行模拟。

分析响应：分析应用程序对每个请求的响应，检查响应中是否包含异常信息、错误信息或敏感数据，这些都可能是安全漏洞的迹象。

识别漏洞：基于分析结果，识别出潜在的安全漏洞，可能涉及输入验证不足、敏感数据泄露、未授权访问等问题。

生成报告：扫描完成后，测试工具会生成一份详细的测试报告。报告中包含已识别的漏洞列表、漏洞的详细描述、漏洞的位置、漏洞的严重程度以及建议的修复措施等。

3）软件组成分析

软件组成分析工具专门用于检查应用程序所依赖的第三方库和组件，以发现其中可能存在的已知安全漏洞。Black Duck 和 WhiteSource 是两款知名的软件组成分析工具，在识别和管理开源组件及其带来的安全漏洞方面发挥着重要作用。

Black Duck 能够识别源代码中的所有开源依赖项，包括直接和间接依赖，并持续监控这些组件中的已知漏洞，生成详细的漏洞报告和修复建议。同时，Black Duck 对组件的许可证进行分析，确保所有开源组件的使用符合其许可证要求，避免潜在的许可证冲突。它还提供构建后分析功能，以检测固件和容器镜像中的恶意软件、可疑文件和文件结构等，并允许用户定义和执行关于组件使用的策略。

WhiteSource 则提供了一站式安全、许可和质量的解决方案，能够实时检测开源组件中的已知漏洞，提供详细的修复建议，并能够帮助识别和管理项目中复杂的依赖关系网络。

通过集成 Black Duck 和 WhiteSource 等软件组成分析工具到软件开发生命周期中，可以显著提升软件的安全性和合规性，及时发现并修复潜在的安全漏洞，确保应用程序的安全稳定运行。

4) 模糊测试

模糊测试是一种自动化的软件测试技术，通过不断生成和输入“模糊”数据，试图使软件产生异常行为，从而发现潜在的错误、漏洞或异常。现阶段的模糊测试不仅涵盖了传统的黑盒模糊测试，还衍生出了白盒与灰盒模糊测试技术。

灰盒模糊测试结合了黑盒和白盒模糊测试的优点，其步骤如图 3-8 所示。首先，从已有的测试用例库中提取初始测试用例，这些测试用例可能包含常见的输入场景或者已知的边界情况。其次，将这些测试用例加载到测试用例队列中，利用 Fuzz 引擎对这些测试用例进行变异操作，生成新的测试用例，并将其添加回测试用例队列中。随后，Fuzz 引擎调用这些变异后的测试用例，通过模糊测试工具对被测系统进行测试，捕捉系统的执行路径和依赖信息等，并生成执行路径的签名和标记信息。这些信息会反馈给 Fuzz 引擎，帮助其分析系统覆盖情况，并调整测试策略，以生成更有针对性的测试用例。如果在测试过程中发现新的错误或异常，Fuzz 引擎会记录这些信息，生成针对性的测试用例，并将其重新加入测试用例队列中。整个流程不断循环迭代，通过路径反馈与测试用例变异相结合，灰盒模糊测试能够有效发现应用程序中的潜在漏洞和缺陷。

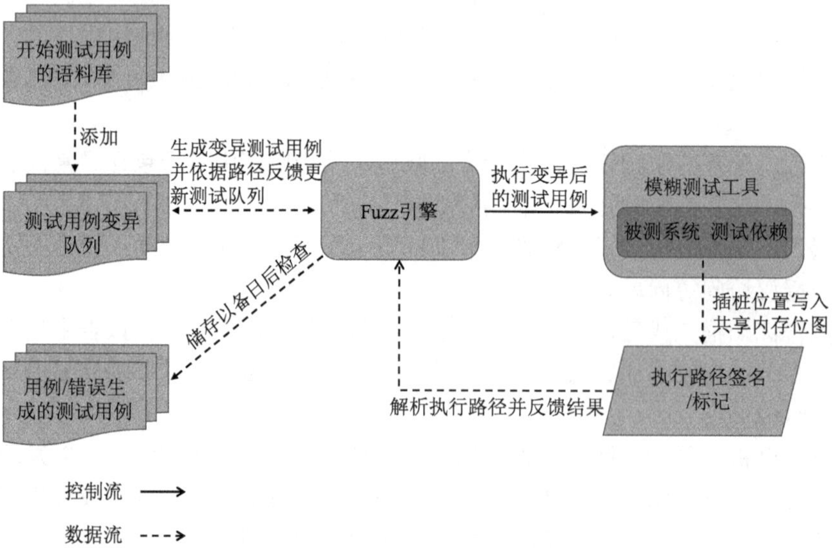

图 3-8　灰盒模糊测试步骤

5) 渗透测试

渗透测试是一种模拟攻击的方法，通常与其他测试方法进行结合，旨在发现和修复应用程序中的安全漏洞。渗透测试通常由专业测试人员执行，包括以下几个关键步骤。首先，进行测试规划和准备，明确测试范围和目标，并准备测试环境和工具。其次，进行信息收集，获取目标系统的相关数据，如开放端口、服务和应用程序版本等。这一过程可能包括静态应用程序安全测试和软件组成分析。接下来，基于收集的信息，评估潜在的攻击路径，确定最可能被利用的弱点。这可能利用动态应用程序安全测试和模糊测试，以发现运行时的漏洞和错误。然后，使用自动化工具寻找开放端口、服务和已知漏洞，并通过手动测试确认漏洞的有效性。最后，模拟真实攻击以验证漏洞的存在，并尝试绕过现有的安全控制。通过这些步骤，渗透测试能够准确定位应用程序中的风险问题，为及时修复和加强安全防护提供依据。

表 3-2 总结了应用程序安全测试方法的优缺点。

表 3-2 应用程序安全测试方法的优缺点

测试方法	优点	缺点
静态应用程序安全测试	早期发现漏洞，无须运行应用程序	误报率高，需要人工筛选和验证；无法检测到代码运行时出现的漏洞
动态应用程序安全测试	运行时测试，能够检测部署环境相关问题，发现实际执行中的漏洞；误报较少	无法早期检测漏洞；代码覆盖率有限；修复成本高，依赖测试用例和实际运行路径
软件组成分析	快速识别第三方库和组件的已知漏洞；帮助管理和跟踪应用程序依赖项	依赖已知漏洞数据库，无法识别新漏洞
模糊测试	发现传统测试未检测到的漏洞和异常，自动化大量测试，节省时间和人力	配置和实施较复杂，无法完全覆盖所有代码路径和逻辑
渗透测试	模拟真实攻击，发现实际存在的安全漏洞，提供详细的修复建议	依赖测试人员的技能和经验，可能导致系统中断或数据丢失

3. 安全策略与应急响应

由于复杂多变的海洋环境，海洋机器人可能遇到各种系统故障或极端天气，需要配备有效的安全策略和应急响应系统，类似飞机的紧急着陆系统。具体措施包括自动返回、故障自我修复和紧急信号发送等，旨在特殊情况下保证海洋机器人的完整性，并最大限度地减少对人员和环境的潜在伤害。

1) 安全策略

海洋机器人的安全策略包含故障诊断和容错控制技术，通过自主诊断、故障恢复和容错控制模块，机器人能够在异常发生时快速响应，进行自我诊断和恢复，或自动安全返回。故障诊断技术能够评估发生故障的时间、位置、类型和严重程度等，根据不同情况采取适当措施使海洋机器人能够保持基础操作功能，直至问题解决或被回收。容错控制技术使得海洋机器人在单个或多个系统部件发生故障时，通过上述故障诊断技术自动检测并识别问题，采取预定的合理措施应对故障。容错控制分为主动容错控制和被动容错控制。

(1) 主动容错控制。

主动容错控制是一种能够动态监测系统状态，并在检测到故障时，主动进行调整或重新配置的控制机制。它通过实时反馈和故障检测来调整系统的操作，以确保系统在故障条件下仍能继续稳定运行。主动容错控制的主要作用是通过自适应和动态调整来处理故障，从而维持系统的可靠性和安全性。这种方法适用于需要高可靠性和复杂故障处理的场景，能够在系统运行过程中不断优化控制策略。

(2) 被动容错控制。

被动容错控制是一种依赖预设控制策略和参数来应对系统故障的控制机制。它不进行实时监控或调整，而是通过预先设定好的方案快速响应已知故障。被动容错控制的主要作用是通过固定的策略和参数，在故障发生时快速响应，以维持系统的基本功能。这种方法适用于响应时间要求严格且故障类型已知的环境，具有较低的计算复杂度和快速响应特点。

2) 安全应急响应

安全应急响应系统的核心是安全控制系统和应急能源，此外还包括抛载装置、布放回收辅助装置、定位设备和通信设备等。如图 3-9 所示，在进入紧急状态后，安全应急响应系统通过主电池和应急能源联合供电，确保系统在紧急情况下的持续运行。主控制单元作为核心组件，负责监控系统状态，并控制关键设备的操作。例如，抛载装置用于在紧急情况下迅速减轻系统负荷；布放回收辅助装置能够使海洋机器人快速、安全地回到水面，并高效回收到母船；定位设备确保关键资源的精确定位；通信设备则确保与母船的稳定联系，在迅速上浮到水面后，通过无线信号和光学标识显示位置，与母船甲板上的协同回收辅助装置配合，确保安全回收。安全控制系统根据主控制单元的指令，协调各设备的操作，以在紧急情况下提供快速、有效的响应和保障系统安全。此外，在主电池失去电源的情况下，海洋机器人会自动切换到由高能量密度、免维护的一次性电池(如锂/亚硫酰氯电池等)组成的应急能源，以确保继续运行。

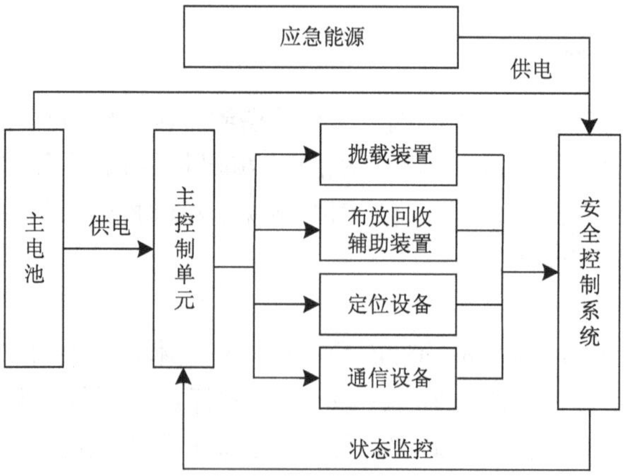

图 3-9　安全应急响应系统框图

4. 算法优化

应用程序中通常包含多种类型的算法，如数据处理算法、控制算法与路径规划算法等，用于实现特定的功能。然而，由于海洋环境的不确定性与多变性，这些算法需要具有较高的稳定性，从而能够针对环境变化进行准确的响应。

为了提高算法的稳定性，可以使用自适应控制技术，动态调整控制参数，提高算法对环境变化的适应性。此外，还可以在算法设计中引入容错机制，确保在某些模块失效时，系统仍能保持基本功能。

3.4　本 章 小 结

本章深入探讨了海洋机器人主机系统的组成、面临的安全风险以及相应的防护措施。首先，本章详细介绍了硬件部分，包括传感器、控制器、执行器和芯片的功能与作用，以及软件部分通过协调硬件、进行数据分析和控制决策等来保障任务执行。随后，本章从传感器、控制器、执行器、芯片和应用程序五个关键部分分析了海洋机器人主机系统面临的各种安全风险。针对这些风险，本章提出了多种安全防护策略，如强化数据、控制器与执行器安全防护、制定芯片安全防护策略和强化应用程序安全措施等，以提升海洋机器人在复杂海洋环境中的可靠性和任务执行能力。因此，多层次的安全防护对于确保海洋机器人主机系统的稳定性、可靠性和高效任务执行至关重要。

思 考 题

3-1　在复杂的海洋环境中，不同类型的传感器(如温度传感器、压力传感器等)如何协同工作来确保海洋机器人能够准确感知和适应环境变化？

3-2　传感器获取的数据是如何传输到控制器进行处理的？控制器和执行器如何利用这些数据进行决策和执行，从而实现海洋机器人的自主运动和任务执行？

3-3　控制器如何与执行器协同工作来实现闭环控制？举例说明，控制器如何通过传感器数据来调整执行器做出动作，从而实现精确的任务执行和姿态控制？

3-4　芯片在海洋机器人中的常见问题有哪些？这些问题对海洋机器人的正常运行有何影响？如何从硬件和软件两个角度来预防和修复芯片的问题？

3-5　探讨几种针对控制器和执行器的防护策略，这些策略如何提高海洋机器人在复杂环境中的运行稳定性和安全性？

3-6　安全策略和应急响应计划对海洋机器人系统安全的重要性是什么？如何制定和实施有效的安全策略和应急响应计划？

3-7　针对后门漏洞和缺乏冗余设计问题，芯片设计中采取了哪些防护措施？请结合具体实例，分析这些措施在实际应用中的效果和潜在挑战。

3-8　请比较代码分析和侧信道分析这两种方法的检测原理和适用场景，并讨论在什么情况下应优先选择其中一种方法，或者将两者结合使用以实现最佳检测效果。

第4章　通信安全

在海洋环境中，通信不仅是数据传输的桥梁，更是确保海洋机器人顺利执行任务和安全运行的关键。海洋机器人通过通信接收来自控制中心的指令，并回传采集到的海洋环境参数、生物多样性信息和海底地形图等关键数据。然而，海洋环境的开放性和复杂性，尤其是在水下，容易使海洋机器人通信受到自然因素和人为因素的干扰，而恶意的网络攻击、数据窃取和篡改等安全威胁也会对通信质量造成破坏。因此，为了保障海洋机器人的水下通信安全，不仅需要采用先进的通信技术和加密手段来保护数据传输的完整性和机密性，同时还需要部署有效的防护技术来应对这些安全威胁。这些防护技术能够最大限度地降低安全风险，确保海洋机器人在复杂海洋环境中的稳定运行。

本章围绕海洋机器人通信概述、水下通信现状和水声通信风险与防护三个方面展开介绍。首先介绍通信的概念与组成部分，并分析水下通信环境及其面临的挑战。随后介绍水下通信的不同方式，并对水下通信中的水声通信展开详细描述。最后深入讨论水声通信面临的安全威胁，并介绍相应的防护技术。

4.1　海洋机器人通信概述

海洋机器人在探索和监测海洋环境、开展科学研究以及执行工业任务中扮演着重要角色，任务的成功离不开可靠的通信。通信不仅是数据收集和远程控制的基础，也是操作人员或其他设备之间有效信息传输的关键，更是海洋机器人协同作业和自主导航的重要保障。因此，本节将从海洋机器人的通信角度出发，阐述通信的概念与组成，以及水下通信环境与挑战。

4.1.1　通信概念与组成

通信是指信息在不同实体间的传递。对于海洋机器人而言，通信是实现远程控制、数据采集和协同作业的基础，其核心目标是确保信息在发送端(信源)与接收端(信宿)之间准确、及时地传输。信息的传递介质称为信道，信源、信道和信宿共同构成了信息传递的基本要素，形成一个简单的通信系统。

海洋机器人的通信方式包括水面通信和水下通信，每一部分都有其独特的技术特点和应用场景，以下将详细介绍这两种通信方式。

1. 水面通信

水面通信是指海洋表面的通信活动，主要涉及海洋机器人与船舶或浮标的通信。船舶通信是水面通信网络的核心，船舶之间及其与岸基的通信通过甚高频无线电、卫星通信和海上蜂窝网络等方式进行。浮标通信通过布设在海面的浮标，实现对海洋环境的实时监测和数据传输，其通常采用低功耗、长续航的通信技术，以确保长期稳定运行。水面通信的优势在于信号传播条件较好，能够利用无线电波进行长距离通信，具有较高的传输速率和可靠性，在航运、海洋科学研究、资源开发等领域具有广泛的应用。例如，潜艇浮标通信装备是一种用于潜艇与外界通信的装置，它通过投送至海面的浮标实现通信联络，在美国海军的 AN/BRR-6 型和 AN/BRR-6B 型拖曳通信浮标系统中广为应用，其配备特高频卫星通信功能，适用于多种类型的核潜艇。

2. 水下通信

水下通信是指海洋机器人在水下环境进行的信息传输，用于实现海洋机器人之间或与水下平台(如水下基站等)之间的通信。由于水体对电磁波的强烈吸收，传统的无线电通信在水下效果不佳，水下通信成为海洋机器人通信中最具挑战性的部分。水下通信采用的主要技术包括声波通信、光通信和电磁波通信等，关于这些通信方式的具体内容详见 4.2 节。然而，复杂的水下环境给海洋机器人的通信带来了诸多挑战，接下来将深入探讨这些问题。

4.1.2 水下通信环境与挑战

由于水下环境的特殊性，水下通信与水面通信存在显著差异。与水面通信相比，海洋机器人水下信号传输面临多重挑战，包括水下环境的物理特性、电磁干扰、通信同步和能量限制等。

1. 水下环境的物理特性

1) 信号衰减和吸收

水的导电性使电磁波在水中的传播速度远低于空气中的传播速度，且衰减速度更快，尤其是对于高频信号影响显著。这种衰减限制了无线电波在水下的有效传输距离，使得水下通信主要依赖于声波而非电磁波。

2) 多路径效应

多路径效应是指信号在传输过程中通过不同路径抵达接收端的现象，这些路径可能具有不同的延迟、衰减和相位变化，导致信号干扰和衰减。在水下环境中，多路径效应更为显著。声波在遇到海底、水下山脉、沉船等障碍物时，会产生反射、折射和散射，形成多个传播路径，从而增加信号的复杂性，可能导致信号干扰和失真，进而影响通信的可靠性和效率。

3) 环境变化

水下环境复杂多变，温度、盐度、压力等因素随时间和空间的变化而变化，影响声速，进而影响通信信号的传播路径和速度。此外，海流和波浪的运动也会对声波的传播产生扰动，进一步增加通信的不确定性。

4) 生物干扰

海洋生物的活动，如鲸的声波、鱼群的运动和生物荧光等，都会对水下通信信号产生干扰。这些生物噪声和干扰会降低信号的信噪比，影响通信效果。

2. 电磁干扰

在水下通信中，电磁干扰也是海洋机器人面临的一个挑战。尽管水对电磁波的传播有很强的吸收作用，使得电磁波通信在水下不太常用，但电磁干扰依然存在，尤其体现在以下几个方面。

1) 自干扰

海洋机器人自身的电子设备和电机等部件会产生电磁辐射，这些辐射可能会干扰海洋机器人内部的电子系统，影响其正常运行。

2) 人为与外部设备干扰

人类活动产生的电磁干扰包括船舶电动机、声呐设备和海底电缆等，特别是在港口和海上油田等活动频繁的近海区域。这些设备在运行中会产生强烈的电磁信号，干扰海洋机器人之间的通信，导致信号失真、噪声增加，甚至通信中断。

3. 通信同步

通信同步是水下通信面临的一大挑战，由于信号在水中的传播速度和路径复杂多变，实现准确的通信同步需要克服以下困难。

1) 时延和延迟抖动

水下信号传播速度较慢，受多路径效应影响，信号到达接收端的时间不一致，导致时延和延迟抖动。这会影响数据包的传输和接收顺序，使通信同步变得困难。

2) 频率偏移和多普勒效应

水下设备的运动会引发多普勒效应，导致信号频率偏移。这种频率偏移会干扰接收端的解调和同步过程，特别是在高速运动的情况下，频率偏移更加显著，进一步增加了通信同步的难度。

4. 能量限制

水下通信设备的能量供应通常依赖于电池，然而电池容量有限，而信号发送、接收和数据处理等都会消耗大量能量，因此，能量限制成为水下通信面临的挑战之一。

4.2 海洋机器人水下通信现状

海洋机器人在水下通信面临信号衰减、多路径效应等一系列的挑战，传统的陆地或水面通信无法解决这些水下特有的难题，并不适用于水下应用场景。因此，选择合适的水下通信技术与协议是确保海洋机器人通信性能和可靠性的关键，本节将介绍海洋机器人的水下通信方式，并重点讨论水声通信的关键技术与协议。

4.2.1 水下通信方式

水下通信方式多种多样，根据信道的不同，主要分为水下有线通信、水下无线通信和水下融合通信，每种方式都有其独特的优势和应用场景，以下是这些通信方式的简单概述。

1. 水下有线通信

水下有线通信通过光纤、电缆等有线介质进行数据传输，具有高可靠性、高带宽、高传输速率和长距离传输的特点。由于水下有线通信在传输过程中不受噪声、干扰和水体流动等水下环境因素的影响，其可靠性较高。水下光纤通信可以提供极高的带宽和数据传输速率，能够满足大量数据的高速传输需求。同时，通过中继器和放大器，水下光纤通信可以实现超长距离的信号传输，有助于缓解信号衰减，适用于深海和远洋环境。虽然安装和维护成本较高，但在特定场景下，水下光纤通信可以提供高质量的通信。例如，在海底探测中，铺设光纤电缆可以实现高带宽、低延迟的通信连接，有效提高数据传输的效率和可靠性。

水下有线通信在海底电缆、海洋观测网和深海钻探等多个领域得到了广泛应用。特别是海底光缆，它不仅用于国际数据通信，还用于海洋科学观测，能够实时传输海底地震、海流等关键监测数据。

2. 水下无线通信

水下无线通信主要包括水下电场通信、水下磁场通信、水下中微子通信、水下无线电通信、水下无线光通信和水下无线声波(水声)通信等。

1)水下电场通信

水下电场通信(underwater electric field communication, UEFC)利用水中电场传播特性进行数据传输。其基本原理是通过在水中产生电场，并利用接收器感应电场变化来实现信息传递。作为一种较新的通信方式，UEFC 具有独特的应用场景和优势。其核心技术涵盖电场的产生、传输和接收等，具有功耗低、隐蔽性强和抗干扰能力强的优势。这些特点使得 UEFC 在环境与水下地震监测、海洋机器人的协同作业与自主导航、军事和安全应用等领域有着广泛的应用。此外，UEFC 在海洋生物研究和水下考古方面也展现出潜力，能够实时监测海洋生物的活动，从而推动科学研究的发展，并提高考古工作的效率和数据采集能力。

2)水下磁场通信

水下磁场通信(underwater magnetic field communication, UMFC)利用磁场在水中的传播特性来实现数据传输。其基本原理是通过在水中产生变化的磁场，并让接收器感应这些磁场变化来传递信息。UMFC 的核心技术包括磁场产生、传输和接收，其优势在于其强大的穿透能力，能够在水中和海底沉积物中有效传播，适用于复杂和遮蔽环境下的通信。UMFC 对水中噪声和干扰有较强的抵抗能力，能够确保通信的可靠性和稳定性。同时，UMFC 的低功耗特性使其能够适应水下复杂多变的环境，在海底观测网络、无人机群体通信和潜水员通信等场景中展现出了独特优势，特别是在需要隐蔽性和抗干扰能力的应用中。

3)水下中微子通信

水下中微子通信(underwater neutrino communication, UNC)利用中微子穿透特性进行数据传输。中微子是一种极轻的基本粒子，几乎不与其他物质发生相互作用，因此可以在极大范围和复杂环境中传播。UNC 的基本原理是通过产生高能中微子束，并利用检测器感应中微子的存在和特性来传递信息。其核心技术包括中微子的产生、传输和检测等。由于中微子通过自然放射性衰变、核反应和粒子加速器等方式产生，可以在水中无损耗地传播，因此，UNC 不受水体导电性、盐度、温度等环境因素的影响，具有极高的稳定性。此外，中微子信号不易探测，具有极高的安全性和隐蔽性，适合军事和安全应用。

目前，UNC 仍处于研究和实验阶段，尚未大规模应用于实际的通信系统，中微子检测主要用于基础物理研究，如探测宇宙射线和研究中微子振荡现象等。著名的中微子探测器包括南极的冰立方中微子天文台和日本的超级神冈探测器等。

4) 水下无线电通信

水下无线电通信(underwater wireless radio communication, UWRC)通过电磁波在水中传播实现数据传输。其基本原理是利用电磁波的传播特性，但这一过程受水的电导率、频率和温度等因素影响。UWRC 通常使用低频、甚低频和极低频频段，尽管电磁波在水中衰减较快，但其在短距离通信和特定环境下仍然具有优势。UWRC 适用于水下传感器网络、水下机器人和无人机间的短距离高速数据传输，有助于实现设备间的实时数据共享和协同工作。此外，UWRC 还可以用于水下设备的无线充电，通过电磁感应为水下设备供电，延长设备工作时间。UWRC 还可以作为潜水员的通信设备，实现短距离的语音和数据传输，从而提高潜水作业的安全性和效率。

5) 水下无线光通信

水下无线光通信(underwater wireless optical communication, UWOC)是一种利用光波在水中传播进行数据传输的通信方式，近年来在海洋科学研究、环境监测、潜水器通信等领域得到了广泛关注和应用。UWOC 的基本原理是通过发光二极管或激光二极管发射光信号，光信号在水中传播并被接收器捕获和解码，从而实现数据传输。UWOC 具有高带宽和高传输速率的特点，能够实现 GHz 级别的数据传输速率，适用于需要高速数据传输的场景，如高清图像和视频的实时传输等。此外，它具有低延迟和低功耗的特点，且不受电磁干扰的影响，抗干扰能力强，适用于电磁环境复杂的水下场景。

近年来，我国在水下无线光通信领域取得了快速的发展。例如，中国科学院上海光学精密机械研究所于 2021 年 4 月正式参与了科技冬奥专项“多机器人跨域火炬传递技术研究与系统示范应用”。研究团队完成了水下通信工程样机的研制和网络透明传输的关键技术攻关，研发出的水下无线光通信系统如同一根无形的“网线”即插即用，能够实现水下终端的无线联网和远程登录，无须系统变动就能完成技术升级，实现实时传输水下机器人控制命令以及火炬传输视频和数据。

2022 年，大连理工大学软件学院水下通信研究组研制出了一种鲁棒性水下可见光通信系统。该团队基于对螳螂虾视觉系统的研究，针对现有水下通信系统的通信距离短、带宽低、抗干扰能力差以及收发双方对准要求严格等问题，创新性地使用圆偏振光作为通信介质，设计并实现了双信道水下可见光通信系统，有效解决了干扰和对准问题。此外，该团队还在编码层设计了一种新型水下光通信编码方案，能够有效降低误码率，显著提升系统的性能，实现了复杂水环境下的可靠光通信。该系统弥补了现有水下可见光通信在抗干扰和对准能力上的不足，使系统在真实复杂环境下的通信能力大大增强，并在真实海洋养殖环境中验证了其可靠性和鲁棒性。

6) 水声通信

水声通信(underwater acoustic communication, UAC)是海洋环境中最为有效的通信方式之一，利用声波在水中传播的特性来传递信息。其工作原理是将文字、语音、图像等信息通过电发送机转换为电信号，并通过编码器将信息数字化处理。随后，换能器将这些电信号转换成声信号，声信号通过水这一介质传递到接收换能器，接收换能器再将声信号转换回电信号，解码器将数字信息破译后，电接收机才将信息还原为语音、文字及图像。水声通信在水下能够覆盖数百米至数千千米范围，是实现水下远距离传输的唯一可靠手段。然而，水声信道是声信号从发射端到接收端所经历的无线传输环境，存在通信带宽受限、频率相关衰减大、有色环境噪声强、多径时延扩展高、信道时变速度快、多普勒效应严重等问题，这使得水声通信成为最复杂的无线传输信道之一。

水声信号传播的信道包括水体、海面和海底，而水声通信技术的特点主要是由水声信道的特性决定的。水声信道属于随参信道，其特性参数随着空、时、频的变化而随机变化，水声信道模型如图 4-1 所示。目前，水声通信技术已发展至网络化的阶段，将无线电网络技术应用于水声通信网络，实现全方位、立体化通信，在海底观测、潜艇通信和海洋资源勘探等领域发挥着重要作用。

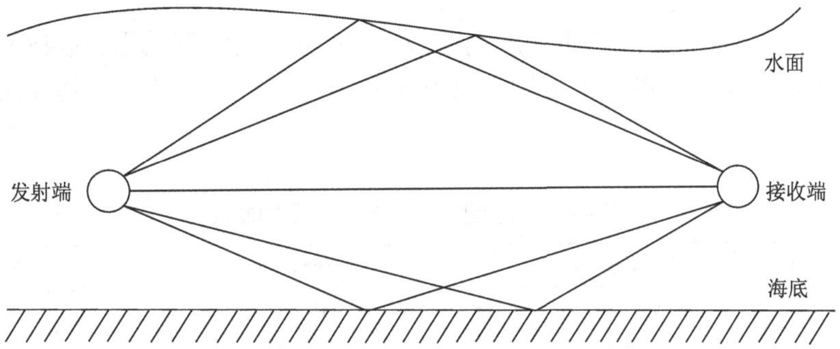

图 4-1　水声信道模型图

近年来，我国在水声通信技术方面取得了显著进展。2021 年，浙江大学瞿逢重教授团队自主研发的全平台适配水声通信机，在中国船舶第七〇五研究所组织的样机验收鉴定中，成功实现了 14km 收发距离、3.07Kbit/s 的相干高速率数据传输，传输成功率达到 90%。该试验创造了目前世界上同类水声通信机在相同通信速率下已知的最远通信距离纪录。2023 年，哈尔滨工程大学水下机器人技术国家级重点实验室研制的“星海 1000”极地自主式水下航行器(图 4-2)首次获取大范围北极冰下冰形冰貌数据。该航行器搭载了哈尔滨工程大学水声工程学院自主研发的多波束冰形探测声呐，完成了我国首次北极海冰底形态观测试验，探测冰下冰形冰貌约 7000m^2，并获取了 4 个点位的冰水界面海水流速、流向信息。这些数据有助于进一步了解该区域海冰和洋流的变化，为应对全球气候变化对我国的影响提供数据支撑。此外，本次航行验证了极区高纬度水下导航和水声通信等关键通信技术，推动了水声通信技术的进一步发展。

除高校以外，相关企业也在水声通信领域取得了重大突破。2023 年，深圳市智慧海洋科技有限公司在深圳南山区实验室，对水声通信基站在深海中的表现进行模拟，成功解决了万米深海远距离通信的难题。该公司自 2016 年成立以来，在水声通信领域做出多项突破，成功开发出高效的水声通信设备，达到国际领先水平。此外，该公司自主研发的新型水声通信机实现了水下 12km(斜距)的深海通信，并在 7700m 海底完成全海深条件下测试装置的无缆投放、贯入、回收过程的自主操作，以及对测试装置工作过程的实时监控。这些技术广泛应用于海洋工程、渔业和环保等领域，推动了海洋智能化发展。

图 4-2　“星海 1000”极地自主式水下航行器

目前，水下无线电通信、水下无线光通信和水声通信是水下无线通信技术中最典型的三种通信方式。在海洋机器人中，它们具有不同的特点和应用场景，具体属性如表 4-1 所示。

表 4-1　三种通信方式对应的不同属性

属性	水下无线电通信	水下无线光通信	水声通信
传播速率	Mbit/s	Gbit/s	Kbit/s
传输距离	0～20m	10～100m	km
衰减	取决于频率和电导率（3.5～5dB/m）	0.39（海水）～11dB/m（浑水）	取决于传播距离和频率（0.1～4dB/km）
带宽	MHz	MHz～GHz	取决于传播距离（1～100kHz）
影响因素	电导率和介电常数	吸收、散射和有机溶解物	温度、盐度和压强
应用场景	近程通信	近程高速数据传输、隐蔽行动	远程通信、精确导航

3. 水下融合通信

水下融合通信技术结合有线通信和无线通信的优势，形成了多模态、多层次的通信网络，能够满足复杂多变的水下通信需求。其特点包括多模态通信、多层次网络结构、高可靠性和高效性。多模态通信指水下融合通信技术能够根据实际需求选择不同的通信方式，例如，在长距离通信时使用声波通信，在短距离高速传输时使用光通信，从而灵活应对不同的场景和需求。多层次网络结构意味着水下融合通信可以构建分层的网络结构，包括底层有线网络、中层声波网络和表层光通信网络，实现全方位的覆盖和数据传输。通过多种通信方式的融合，可以提高通信系统的可靠性和数据传输效率，优化资源利用和网络性能。

水下融合通信技术在海洋观测、资源勘探、环境监测和军事应用等领域具有广阔的应用前景。例如，在海洋观测网中，海底电缆用于主干通信，声波和光通信用于数据传输和设备控制，从而实现高效、可靠的水下通信网络。

4.2.2 水声通信关键技术与协议

在水下通信中，水下无线通信因其特有的优势，已成为当前的主流选择。在4.2.1节介绍的6种水下无线通信方式中，每种方式都有其独特的优势和局限性。电磁波通信在空气中效果显著，但在水下，由于严重的衰减和散射，通信距离和稳定性受到极大限制。光通信虽然具备高速率和低延迟的优势，但其有效距离较短，且对水质和光线条件要求较高。其他水下无线通信技术(如水下电场通信、水下磁场通信和水下中微子通信)在特定应用中表现出色，但由于覆盖范围和稳定性有限，限制了其在更大范围内的应用。相比之下，水声通信在水下环境中展现出独特的优势，由于声波在水中传播效率高、衰减低，水声通信能够实现较长距离的稳定通信，非常适合大范围的海洋探测和通信任务。此外，水声通信技术相对成熟，设备成本较低，应用广泛，因此在众多水下通信方式中，水声通信已经成为海洋机器人进行长距离通信的首选方式，同时也是目前最有潜力的水下无线通信技术。

1. 水声通信网络基本构成

水声通信网络建立在水声通信技术的基础上，其基本单元是网络节点，整个网络由多个节点构成。水声通信网络节点的种类多样，包括分析海水密度、温度和各种化学成分的水质测量传感器，以及用于测量光谱的硫化物、硅酸盐传感器等。海洋机器人同样也可以作为水声通信网络中的一个节点，能够与其他节点进行水声通信，它的任务可以是作为数据收集节点、中转节点甚至水声通信网络的中心节点。一般来说，水声通信网络节点有以下特点。

节点寿命有限：水下节点通常依靠电池供电，但电池寿命和容量有限，导致节点的工作时间受限。由于有的水下节点通常布置在深海或偏远的水域，更换电池或节点的操作非常困难，因此，节点的能源管理成为一个关键问题。此外，节点寿命的有限性还要求节点在能量耗尽前能够最大化其有效工作时间，完成必要的数据采集和传输任务。

移动性强：受水流、潮汐和其他环境因素的影响，水下节点的位置会不断变化，这会造成网络拓扑结构的不稳定，增加了网络设计和维护的复杂性。同时，移动性强也对节点间的同步和协调提出了更高的要求。

定位困难：在水下环境中，传统的GPS定位技术无法使用，节点定位成为一个重大挑战。水下定位通常依赖于声学定位技术，但这些技术受限于水下声速的变化和信号衰减，精度较低且成本高。此外，节点的移动或漂移给定位问题带来了更大的挑战。

计算和存储能力有限：水下节点的硬件资源通常受限，并要求其功耗较低，因此，这些限制会导致其携带的处理器计算能力较弱、存储容量较小。

可靠性低：水下节点由于在复杂且恶劣的水下环境中工作，面临着节点容易腐蚀、硬件故障等一系列问题，且人为维护也十分困难，因此节点的可靠性较低。

此外，水声通信网络主要有广义水声通信网络和狭义水声通信网络两种，示意图如图4-3所示。广义水声通信网络主要由布放在水底和水中的通信节点(包括固定的通信节点和装载在移动平台的通信节点)、水面浮标节点、水面移动平台、岸基通信平台以及通信卫星等构成；狭义水声通信网络则由水下及水面部分组成，包括水底、水面和水中的固定通信节点，以及自主水下潜水器、水面浮标等搭载的水声通信节点，本节提到的水声通信网络都指的是狭义水声通信网络。

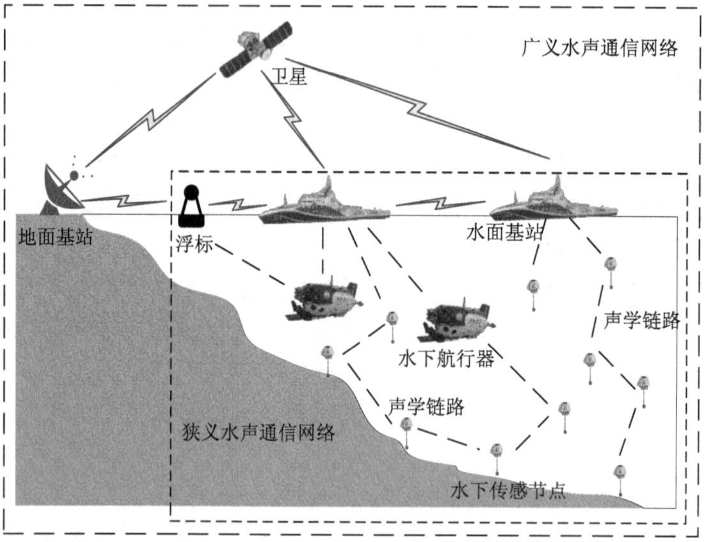

图 4-3　广义与狭义水声通信网络示意图

2. 水声通信网络协议

在水声通信网络中，为了实现海洋机器人、潜水器、传感器、浮标等多种设备之间的通信和数据交换，必须遵循一定的规则和标准，这些规则和标准构成了通信网络协议，简称通信协议。通信协议确保不同设备能够协调一致地进行信息传递和交互，是水声通信网络正常运行的基础。

目前，最常用的通信协议框架是国际标准化组织提出的开放系统互联(open systems interconnection, OSI)模型，如图 4-4 所示，该模型将通信协议分为 7 层。

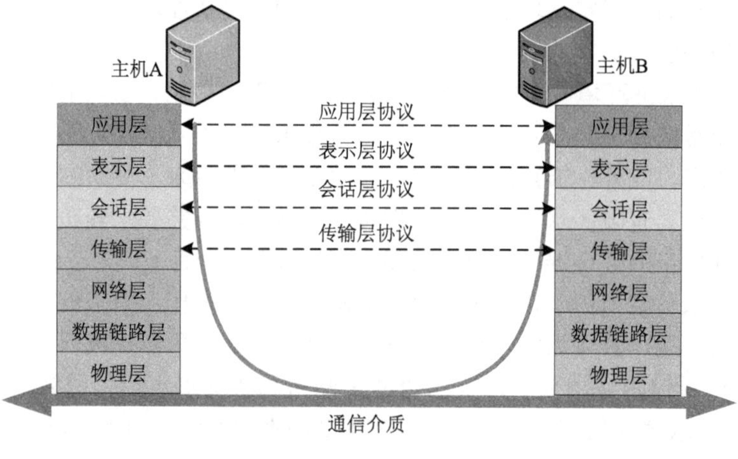

图 4-4　OSI 七层通信协议

物理层：负责传输原始比特流，通过物理介质进行数据的实时传输。

数据链路层：确保无差错的数据传输，进行帧同步、差错控制和流量控制。

网络层：负责数据包从源到目的地的传输和路由选择。

传输层：提供端到端的通信服务，确保数据的完整性和顺序。

会话层：管理和控制应用程序之间的会话，负责建立、维护和终止会话。

表示层：确保从一个系统发送的信息能被另一个系统理解，进行数据格式化、转换和编码。

应用层：直接向用户提供服务，同时也提供一些公共的应用程序，如文件传输、电子邮件和网络管理等。

然而，由于水声通信的独特性和复杂性，传统的OSI七层通信协议在水声通信中并不适用，原因主要包括以下几点。

低带宽和高延迟：水声通信的带宽通常非常有限，远低于陆地和空中的无线电通信。同时，声波在水中的传播速度约为1500m/s，比无线电波慢得多，导致通信延迟较高。OSI模型的七层通信协议设计适用于高带宽和低延迟的环境，在低带宽和高延迟环境中效率较低。

信道不稳定性：水下环境复杂多变，信道状态易受环境因素影响，如温度、压力、盐度等。这些因素使得水声信道的稳定性较差，传统的OSI七层通信协议无法有效应对这些不稳定性。

资源受限：水下设备通常资源有限，包括计算能力和电池寿命等，OSI七层通信协议较为复杂，导致计算和能量消耗较高，因此不适合资源受限的水下设备。虽然OSI七层通信协议通用性强，但是也伴随着较高的处理开销。

难以满足定制化需求：水声通信需要在物理层、数据链路层和网络层上进行特定优化，以应对水声信道的低带宽、高延迟和不稳定性，然而，OSI七层通信协议在应对这些特定需求时，适应性较差，缺乏足够的灵活性和优化手段。

综上所述，传统的OSI七层通信协议由于无法有效解决水声通信的低带宽、高延迟、不稳定性以及水下设备资源受限等问题，并不适用于水声通信。水声通信需要更简化且专门优化的协议，以确保在复杂的水下环境中实现高效、可靠的通信。因此，水声通信网络（underwater acoustic communication network, UACN）协议应运而生。

UACN将OSI七层通信协议简化为五层通信协议：物理层、数据链路层、网络层、传输层和应用层。接下来，将详细介绍UACN五层通信协议中最主要的3层，即物理层、数据链路层和网络层，如图4-5所示。

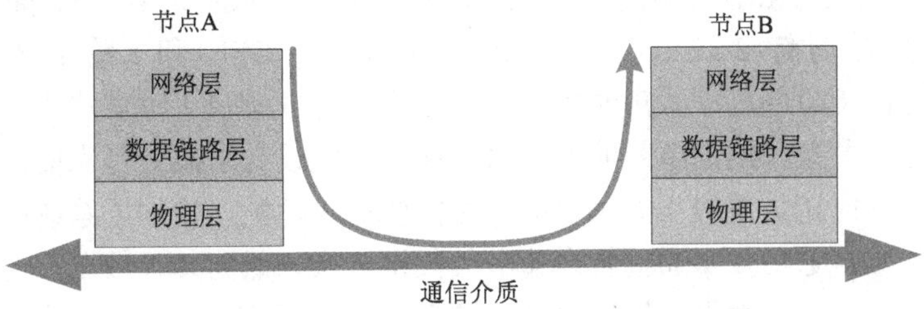

图4-5 UACN三层通信协议

1) 物理层

水声通信技术通过声波传输信息，涉及物理层的调制与解调过程，调制是将信息信号转换为载波信号的过程，解调是将载波信号转换为原始信号的过程。在发送端，数据转换成声波信号，通过水声信道传播；接收端则将声波信号还原为原始数据流，供上层使用。水声通信技术分为相干和非相干两种，根据解调时是否还原同频同相的载波信号，可将其分为水声相干通信和非相干通信。此外，随着水声通信技术的发展，一些新型的技术也在不断涌现，以下是关于非相干水声通信技术、相干水声通信技术以及新型水声通信技术的详细介绍。

(1) 非相干水声通信技术。

水声通信技术起源于 20 世纪中期，最初采用模拟调制方式，将模拟信号(如音频信号等)调制在载波信号上，以便在信道中传输。在 20 世纪 70 年代，数字调制成为水声通信的主流通信方式，数字调制是将数字信号(如二进制信号等)调制到载波信号上，与模拟调制相比，数字调制具有抗干扰能力强、误码率低和实现简单等优点。数字调制技术中的频移键控(frequency shift keying, FSK)、幅移键控(amplitude shift keying, ASK)和相移键控(phase shift keying, PSK)调制技术是 3 种重要的调制方式，以这 3 种技术为基础衍生出的相关技术带动了水声通信技术的全面发展。在这个阶段的水声通信系统大部分采用的都是 FSK 调制方式，大部分都是非相干水声通信技术。

2FSK 调制方式是 FSK 调制方式的特例。在 2FSK 调制系统中，信息信号通过两个不同频率表示，分别对应逻辑 0 和逻辑 1。相比 FSK 调制，2FSK 调制实现更为简单，带宽需求更低，并具有更好的抗干扰能力和较低的误码率，且每个码元只传输 1bit 信息。作为 2FSK 调制的改进，多进制频移键控(multiple frequency shift keying, MFSK)调制通过多频率传输提高频带利用率，可以减少信号损失。而后提出的多载波 MFSK 调制结合了 MFSK 调制的稳健性和多载波技术的优势，提高了通信速率和抗干扰能力，解决了水声信道带宽资源有限的问题，并弥补了单载波无法改善 MFSK 调制对频带的利用率不足的缺点。

(2) 相干水声通信技术。

早期水声通信主要采用非相干调制技术，以解决水声信道的多路径扩展问题。然而，在带宽严重受限的情况下，非相干调制技术难以实现高速数据传输。从 20 世纪 80 年代开始，随着对高速数据传输需求的增加，相干调制技术引入水声通信领域，其带宽利用率显著提升。接下来将介绍单载波相干水声通信技术和多载波相干水声通信技术。

单载波相干水声通信技术在其早期阶段采用了 PSK 和正交振幅调制(quadrature amplitude modulation, QAM)等调制方式。在 1993 年，美国东北大学的 Stojanovic 等提出了一种基于判决反馈均衡(decision feedback equalization, DFE)和二阶数字锁相环(digital phase lock loop, DPLL)的相干水声通信接收机结构，有效解决了时变水声信道匹配和码间干扰问题。为应对复杂信道，单载波相干水声通信系统设计了高效可靠的信道均衡器，但这种均衡器在处理时延扩展较长的水声信道时需要更高阶数，增加了系统的复杂度。

多载波相干水声通信技术通过将高速串行数据转换为低速并行数据，显著降低了均衡算法的复杂度，适用于对数据传输速率要求较高的中短距离通信场景。当前研究较多的多载波相干水声通信技术主要是正交频分多路复用(orthogonal frequency division multiplexing,

OFDM）技术与多入多出（multiple-input multiple-output, MIMO）结合的新型多载波调制技术。OFDM 技术利用相互正交的子载波，将通信带宽分成子通道，对数字信号进行串并转换后映射到子载波的振幅与相位。由于各子载波间的正交性，OFDM 技术极大提升了频率利用率，并通过添加保护区间来抑制多路径干扰。

（3）新型水声通信技术。

近年来，随着海洋开发的深入，以应用为导向的新型水声通信技术不断涌现，包括扩频水声通信、带内全双工水声通信、仿生水声通信和正交时空频水声通信等。

扩频技术通过伪随机序列将信号能量扩展到比原始信号带宽更宽的频带，具有较好的通信隐蔽性和抗干扰性能。传统扩频技术分为时域直接序列扩频、频域直接序列扩频、跳频扩频和跳时扩频，最近提出一种猝发混合扩频水声隐蔽通信方法，它能够通过在时间上随机发送脉冲信号降低被截获概率。

虽然扩频通信可靠性高，但通信速率和频谱利用率较低。多载波技术在多路径干扰及符号间串扰方面表现优异，可与扩频技术结合提高通信效果，像前面提到的 MIMO 技术与码分多址（code division multiple access, CDMA）技术相结合组成的 MIMO-CDMA 系统就是案例之一。例如，在 2017 年，提出一种名为循环移位扩频多用户通信的方法，这种方法显著提高了数据传输速率和带宽效率。

传统水声通信通常采用半双工方式进行信息传递，导致通信效率低。带内全双工（in-band full-duplex, IBFD）水声通信技术能够同时双向传输信息，大幅提升信息交互效率，目前正逐步成为水声通信领域的热门课题。此外，传统全双工水声通信技术也取得了一定进展，哈尔滨工程大学乔钢教授领导的科研团队成功完成了“远程、矢量、全双工水声通信技术”国家“863”计划项目，发明了水下多用户、全双工的声波通信方法，并研制了国际上首创的具有全双工通信能力和组网能力的水声通信机。这项技术提高了通信即时性和网络吞吐率，解决了以往水声通信中收发无法同时工作的难题，标志着水声通信领域的重大技术进步。图 4-6 展示了该单矢量水声通信机在不同频率上发包的过程，证明了全双工水声通信的可行性。

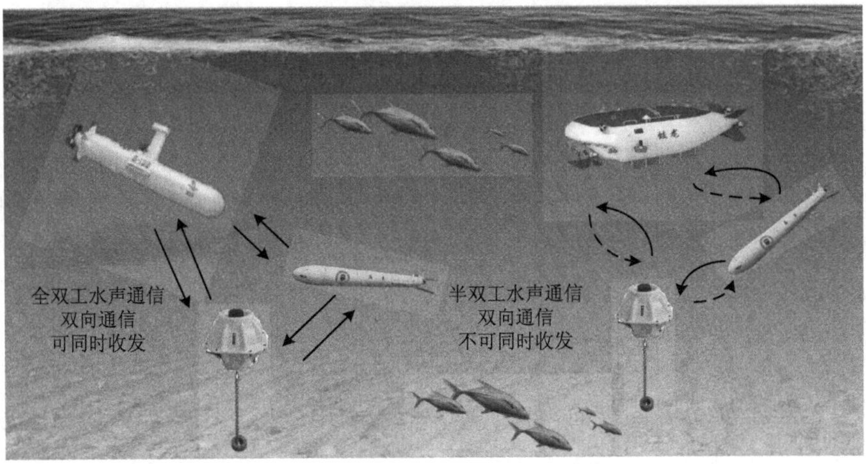

图 4-6　全双工水声通信示意图

水下声学通道的独特性质使得水下通信系统很容易受到未经授权的干扰和威胁，因此，确保通信过程的保密性和安全性变得尤为关键。目前，关于隐蔽性水下通信的研究主要分为3个方向：低检测概率（low probability of detection, LPD）通信、低识别概率（low probability of recognition, LPR）通信和低截获概率（low probability of interception, LPI）通信。为了达到隐蔽通信的目的，传统上多采用降低被探测可能性的技术。这些技术通常使用扩频等手段，将通信信号混入海洋环境中的复杂噪声之中，从而降低被探测的概率。然而，尽管采用了这些技术，但在声源附近的信号强度仍然较高。与此相对，仿生水声通信技术则是一种旨在降低被识别可能性的通信方式，使用海洋生物的自然声音或人工合成的声音作为通信信号，即使这些信号被探测到，也可能被误认为是海洋生物的声音，从而避免引起注意。

图 4-7 为仿生水声通信的示意图，右侧为友方已知设备，因此未采用仿生隐蔽通信，则右侧设备可以正确接收通信内容；左侧是未探索区域，安全性未知，因此采用仿生隐蔽通信，即使被对方获取，也会识别为动物，实现隐蔽通信的效果。近年来，齿鲸生物声呐、仿鲸伪装声呐和白鲸回声定位模型等技术相继提出，进一步推动了仿生水声通信技术的发展。

图 4-7　仿生水声通信示意图

2）数据链路层

数据链路层在 UACN 中扮演着核心角色，主要任务是确保网络内各节点能够公平且高效地利用有限的频带资源。这一过程旨在优化网络的整体数据传输速率，同时减少传输延时、降低碰撞发生的概率，并减少节点的能源消耗。数据链路层研究的重点在介质访问控制（media access control, MAC）协议的开发与优化上，MAC 协议负责协调对通信介质的访问权限，如果缺乏有效的管理，当多个数据包同时尝试到达同一接收节点时，就可能发生冲突，从而对网络的整体性能产生负面影响。因此，MAC 协议的核心目标是预防此类冲突的发生，并兼顾提升网络的传输效率、能源利用效率、扩展能力以及服务的响应速度。

根据不同的冲突规避策略，MAC 协议可划分为三种主要类型：固定分配类 MAC 协议、随机竞争类 MAC 协议以及混合类 MAC 协议。固定分配类 MAC 协议通过对网络中的节点预先分配频带资源，确保每个节点仅在其分配的资源范围内传输数据。随机竞争类 MAC 协议则是允许节点在有数据需要发送时，通过竞争机制来争夺信道的使用权，一旦发生数据包的碰撞，节点必须遵循特定的规则重新发送数据，直至数据成功传输或选择放弃。混合类 MAC 协议则是将不同机制的 MAC 协议进行融合，将各自的优势进行集成，发挥出更大的作用。

(1)固定分配类MAC 协议。

在固定分配类 MAC 协议中，网络节点被赋予专属的频段、时间段或编码方式，主要分为三种形式：时分多址(time division multiple access, TDMA)、频分多址(frequency division multiple access, FDMA)、码分多址协议。TDMA 协议通过将连续的时间划分成多个时间段，使各个网络节点在特定的时间段内进行数据的发送或接收，有效规避了与邻近时间段的数据冲突。FDMA 协议通过将整个频带划分成多个子频带，并为不同的网络节点分配各自的子频带。但是，由于这些子频带的宽度可能小于信道的相干带宽，因此 FDMA 协议对信号衰减较为敏感。CDMA 协议利用扩频技术，允许多个节点在相同的频带上进行数据传输，得益于较大的传输带宽，能够有效解决水下多路径效应引发的衰减问题。

(2)随机竞争类MAC 协议。

随机竞争类 MAC 协议允许网络节点在没有预先分配资源的情况下，通过相互竞争来获得信道的使用权限，以此实现对传输介质的访问。随机竞争类 MAC 协议根据竞争机制的不同，主要分为两类：随机访问型协议和基于握手的协议。随机访问型协议中，阿罗哈(additive links online Hawaii area，ALOHA)协议和载波侦听多路访问(carrier sense multiple access, CSMA)协议是两个典型的例子。而基于握手的协议，如带有冲突避免的多路访问(multiple access with collision avoidance, MACA)和时隙 FAMA (slotted floor acquisition multiple access, slotted FAMA)等协议，通过节点间的协调握手来解决信道的共享问题。

(3)混合类MAC 协议。

混合类 MAC 协议结合了固定分配类和随机竞争类等 MAC 协议进行信道资源分配，目的是充分利用各类 MAC 协议的优势。这种协议在提升通信效能的同时，可能会增加算法的复杂性，从而导致通信成本的上升。混合空间复用时分多址(hybrid spatial reuse time division multiple access，HSR-TDMA)作为一种典型的综合型 MAC 协议，为集群化的水下通信网络设计了一种基于分组的多信道访问方案，其内部通信利用 TDMA 方式，跨组通信则运用 CDMA 方式。通过将网络节点分组，该协议实现了信道资源在空间上的多重利用，极大提升了网络的可用性，但这也要求节点之间必须保持严格的同步。

3)网络层

网络层的核心职责在于确保数据包能够从源头顺利地传输到目的地，包括路径选择、流量管理和拥塞控制等关键环节(统称为路由问题)。在水声通信中，路由协议扮演着至关重要的角色，它决定了数据包如何通过多个中继节点最终到达目标节点。根据路由协议所采用的传输路径数量，可以将其划分为单路径和多路径两种类型。单路径路由协议在数据传输前仅选定单一的传输路径，一旦该路径上的任何节点发生故障，整个传输就会中断，导致数据传输失败。由于单路径路由协议在适应水下环境的复杂性方面存在局限，因此其应用并不广泛。相对而言，多路径路由协议能够提供多条到达目标节点的路径，更适应水下环境的需求。

路由转发策略还可以根据数据包的传输路径是否固定，分为传统路由和机会驱动路由。传统路由在数据传输前须建立一条固定的传输路径，并沿着该路径逐节点转发数据包。然而，在水下通信网络中，由于网络拓扑结构经常发生变化，传统路由面临着路由建立耗时长、维护难度大以及转发效率低等问题。

此外，路由协议还可以根据是否依赖精确的定位信息，分为基于定位信息的路由协议和无需完整定位信息的路由协议。由于水下环境中缺乏像北斗、GPS 等的全球定位系统，节点的位置信息通常难以获取。在没有成熟水下定位系统的条件下，无需完整定位信息的路由协议显得更为适宜。本节将根据具体的应用场景，介绍基于定位信息和无需完整定位信息的路由协议。

(1)基于定位信息的路由协议。

在进行网络数据传输前，如果路由协议依赖于网络内所有节点及目标节点的确切位置信息，这类协议称为基于定位信息的路由协议。由于这类协议在收集节点位置信息上耗费大量能量，它们的能源效率通常较低，常用的协议有基于矢量的转发(vector based forwarding, VBF)协议、逐跳矢量转发(hop-by-hop VBF, HH-VBF)协议、聚焦波束路由(focused beam routing, FBR)协议和基于定向泛洪的路由(directional flooding based routing, DFR)协议。以 VBF 协议为例，它要求每个网络节点拥有自身、目标节点和所有转发节点的位置信息，通过源节点与目标节点的位置数据构建一个虚拟的路由通道，如图 4-8 所示。数据包的头部包含源节点 S、转发节点 SD 和目标节点 D 的位置信息，以及路由通道的界限和半径 w，VBF 协议的优势在于允许特定转发节点参与数据包转发，从而减少网络流量。

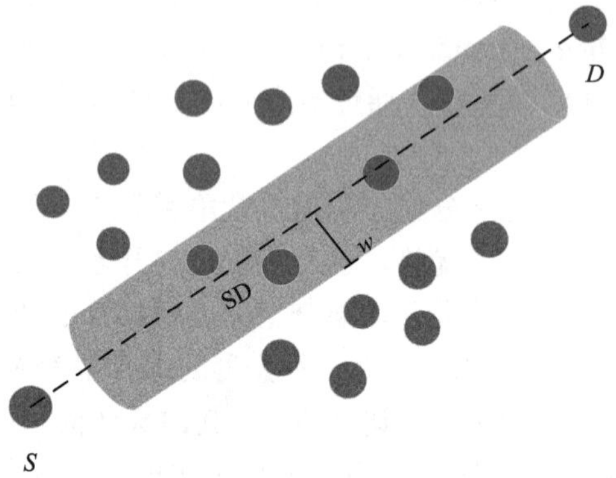

图 4-8　VBF 协议转发原理

(2)无需完整定位信息的路由协议。

与依赖详尽位置信息的路由协议不同，仅依据节点深度信息进行路由决策的协议称为基于深度信息的路由协议，如深度依赖路由(depth based routing, DBR)协议和深度信息驱动的节能路由(energy efficient depth-based routing, EEDBR)协议等。DBR 协议不要求网络节点了解其他节点的详尽位置信息，而是基于节点的深度值来做出路由选择。在该协议中，数据包总是从深度较大的节点传递到深度较小的节点，实现数据包由深至浅的传递过程。然而，DBR 协议也存在一些缺陷，例如，在网络节点分布稀疏的情况下，可能会产生转发盲区，影响其性能；此外，处于网络边缘或深度较浅的节点，由于频繁转发数据包，可能会因能量耗尽而失效。为了缓解 DBR 协议中边缘节点能量耗尽的问题，EEDBR 协议被提出，该协议在选择最佳转发节点时，同时考虑节点的剩余能量和深度，选择剩余能量最多且深度最小的相邻节点作为下一跳节点。

4)跨层协议设计

传统网络协议栈采用分层架构，每层负责独立的功能，专注于解决特定的问题，并为上层提供所需的服务。这种分层方法有利于系统的构建、管理和升级，但随着网络业务量的激增和网络环境的日益复杂，分层网络结构可能面临处理能力不足的问题。在这种情况下，传统分层协议设计的不足之处开始显现。由于无法直接获取其他层的信息，必须通过相邻层间的通信进行间接传递，这不仅增加了延迟，还降低了系统效率，限制了资源的利用。随着这些缺点的日益明显，跨层协议设计的优势开始显现。

在水声通信网络中，跨层协议设计主要集中在物理层、数据链路层和网络层之间的交互。物理层能够提供如发送功率、误码率和调制编码方式等关键参数，数据链路层则可以共享当前传输的数据帧长度、传输的起止时间等信息。利用物理层的这些参数，可以对数据链路层的介质访问控制机制进行动态调整，从而提升网络系统在吞吐量和端到端延时方面的性能。在网络层与物理层之间实施跨层协议设计时，物理层提供的信道时延、能量衰减和丢包率等信道状态信息，可以辅助网络层进行路由决策，优化路径选择，以实现功率节省、传播时延最小化和吞吐量最大化等目标。跨层协议设计促进了网络各层之间的信息交流和协同优化，有助于实现网络资源的高效分配，提升网络整体的性能表现。

4.3 海洋机器人水声通信风险与防护

水声通信是目前海洋机器人水下无线通信中唯一能实现水下远距离通信的技术。然而，水声通信也面临诸多安全问题。首先，由于海洋机器人等水下节点容易受到水下生物或攻击者的干扰和破坏，因此，物理安全是水声通信的主要安全挑战之一。其次，水声信道的特性，如波动性、时间变化、多普勒频移、信号反射和背景噪声等，可能导致通信速率低、带宽窄、延迟高等问题，进而影响海洋机器人通信的可靠性。最后，在实际应用中，海洋机器人节点容易受到洋流影响而产生流动，导致网络拓扑变化，增加了通信的不确定性。为应对上述风险，本节将深入分析水声通信的安全威胁和相应的安全防护技术。

4.3.1 水声通信的安全威胁

海洋机器人水声通信可能遭遇的安全威胁主要包括四种类型：物理攻击、数据传输攻击、网络拓扑攻击和拒绝服务攻击。本节将详细探讨这些威胁并分析它们的潜在影响。

1. 物理攻击

海洋机器人遭受的物理攻击分为自然因素和人为因素两部分。自然因素主要源于水下环境的特殊性和复杂性，如生物和水流等，这些因素可能导致海洋机器人功能失效。人为因素则涉及攻击者实施的物理破坏、破解和篡改，引发海洋机器人非正常失效。攻击者实施的人为攻击方式包括以下两种。

1) 物理破坏

攻击者发现海洋机器人后，通过使用工具破坏海洋机器人硬件或切断通信电缆等手段进行物理破坏，导致海洋机器人任务中断。这种破坏方式简单直接、破坏力强，甚至可以导致整个网络瘫痪。

2) 俘获破解

由于海洋机器人的硬件资源和计算能力通常有限，高强度加密难以实施，因此攻击者在俘获海洋机器人后，更容易对其进行破解，获取其中的数据或控制权限，甚至篡改其关键指令，影响海洋机器人的正常作业。

2. 数据传输攻击

由于水声信道的开放性，因此海洋机器人利用水声通信技术进行数据传输过程中，很容易受到各种攻击威胁。数据传输攻击可分为主动攻击和被动攻击两类。

1) 主动攻击

在水声通信中，数据传输过程所面临的主动攻击包括数据非法篡改、信息恶意复制传播和恶意数据嵌入，各个攻击过程如图 4-9 所示。数据非法篡改指的是攻击者截获传输中的数据并修改内容，重新发送以误导接收方。信息恶意复制传播指的是攻击者故意多次发送相同的信息，扰乱数据传输流程。恶意数据嵌入则指的是攻击者在捕获的数据中加入恶意的指令或程序代码，破坏正常通信内容。

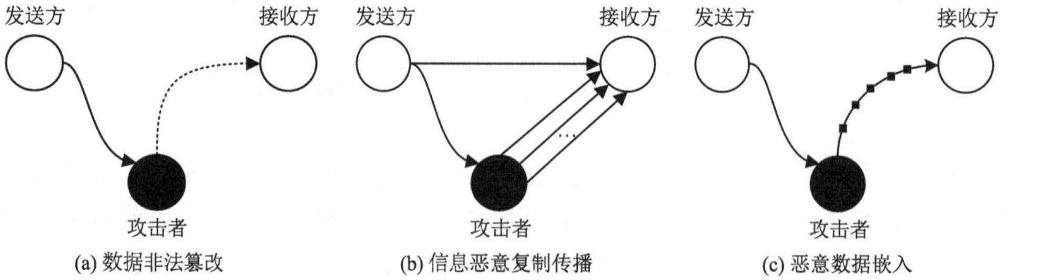

图 4-9　主动攻击示意图

2) 被动攻击

与主动攻击不同，被动攻击是指攻击者通过监听设备截获传输过程中的数据信息。这种攻击仅包括对数据的窃听和分析，而不对数据本身进行任何形式的干扰，其示意如图 4-10 所示。由于其隐蔽性，被动攻击更难以检测出来，这对海洋机器人的通信安全构成了更为严峻的考验。

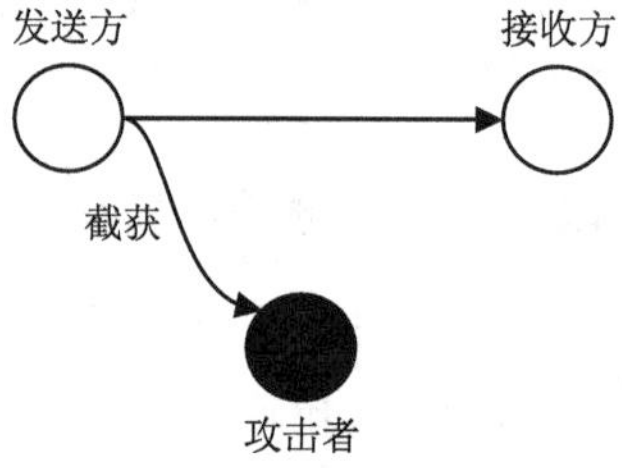

图 4-10　被动攻击示意图

3. 网络拓扑攻击

网络拓扑攻击旨在破坏海洋机器人的网络结构，影响网络的连通性、数据传输的路径选择和整体的网络稳定性，以干扰其正常运行和通信。常见的网络拓扑攻击类型包括以下几种。

网络分割攻击：攻击者破坏网络中的关键节点或连接，分割网络为孤立子网，导致通信中断和任务协作受阻，使网络无法进行整体协同工作。

节点伪装攻击：攻击者通过伪装成合法的网络节点，加入网络并进行恶意操作，如发送错误数据或截获敏感信息等，引发通信网络信息泄露和网络混乱，导致海洋机器人在执行任务时出错。

路由攻击：攻击者通过篡改、伪造或拦截路由信息，改变数据包的传输路径，使其无法到达正确的目的地或经过恶意节点，造成传输的数据包丢失、通信延迟和信息误传，影响任务执行。

4. 拒绝服务攻击

拒绝服务(denial of service, DoS)攻击是针对水声通信系统的一种常见且具有较大破坏性的攻击方式。这种攻击的原理是攻击者利用网络传输协议的缺陷或通信节点的脆弱之处，发送巨量的数据包，超出其处理能力，以此耗尽网络带宽或节点的通信资源，导致正常的通信活动无法进行，甚至引发网络的全面故障。相较于其他的安全威胁，DoS 攻击具有以下几个显著特点。

成本低廉：发动 DoS 攻击的方式相对简单，攻击者可以用较小的投入对目标造成严重的损害。例如，攻击者可能选择针对网络中的特定关键节点进行集中攻击，以此影响甚至切断整个通信链路，妨碍正常通信的进行。

识别困难：由于 DoS 攻击与合法的访问请求在表面上可能极为相似，节点很难判断自身是遭受了攻击还是仅因为访问量激增。

隐蔽性高：DoS 攻击往往混杂在正常的网络流量之中，若不改变数据内容，它们很难被常规监测手段所识别。

破坏性大：在海洋机器人的应用场景中，通信资源十分有限，一旦接收的数据包数量达到一定阈值，节点可能就会无法响应，进而造成整个网络服务的中断。

由于 DoS 攻击的攻击面广泛且破坏性极高，能够轻易地在通信协议的各个层次上实施，因此，本节将对通信协议各层可能遭受的 DoS 攻击类型进行详细的分析和总结。

1)物理层

物理层，作为通信协议栈的最基本层次，核心任务在于信号的调制与解调，确保二进制数据能通过信号形式传输。在这一层，DoS 攻击通常通过制造网络拥塞来达到其目的。如图 4-11 所示，攻击者不断地大量发送异常数据包，导致参与通信的节点无法顺利完成数据的发送与接收工作。

当前，常见的海洋机器人水声通信采用分簇网络结构，其中，簇头扮演着“领袖”的角色，负责搜集并传递其所属簇内的数据信息。因此，攻击者若能准确识别并针对簇头节点发起攻击，就有潜力迅速破坏整个网络的通信能力。这种攻击方式利用了分簇网络结构的特点，通过集中攻击关键节点来实现对整个网络通信的破坏。

2)数据链路层

数据链路层的功能是确保通信节点之间建立起可靠的数据传输链路，其核心作用是将数据包装进帧中，并传递给物理层以实现发送。攻击者常会设法干预这一过程，通过各种手段扰乱信道的正常使用。在数据链路层，DoS 攻击的常见形式包括冲突攻击、休眠拒绝攻击、信号干扰攻击以及通过不公正的竞争手段来妨碍正常通信等。

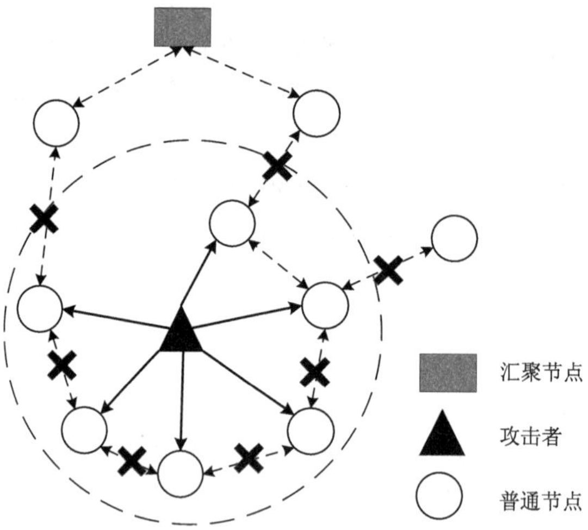

图 4-11　拥塞攻击示意图

冲突攻击：通过故意制造数据帧冲突和重传帧过载来扰乱网络通信，降低整个网络的吞吐量，甚至导致网络瘫痪。数据帧冲突是指攻击者故意在同一信道上发送大量数据帧，导致多个数据帧在传输过程中发生冲突，由于冲突后的数据帧无法正确接收，网络设备需要重传这些数据帧，从而造成带宽浪费和网络性能下降。重传帧过载意味着频繁的数据帧冲突所引发的大量重传请求，在增加网络负载的同时，使得网络拥堵，影响合法通信的效率。

休眠拒绝攻击：主要针对无线网络中的节能机制，特别是在电池供电的无线网络中，攻击效果尤为显著，具体方式包括持续保持设备工作状态和伪装为合法通信两种。持续保持设备工作状态是指攻击者通过频繁发送数据包或控制帧，使得目标设备无法进入低功耗的休眠状态，导致电池快速耗尽。伪装为合法通信是指攻击者伪装成合法节点，与目标设备频繁通信，保持目标设备的通信模块始终处于活跃状态，从而无法进入休眠模式。

信号干扰攻击：通过产生干扰信号来阻碍正常的数据传输，具体方式有广播干扰和选择性干扰。广播干扰是指攻击者广播高功率干扰信号，覆盖合法通信信号，导致接收设备无法解码数据。干扰信号可为连续或间歇性的，取决于攻击者的策略。选择性干扰是指攻击者针对特定的频段或时隙进行干扰，尤其是在多频段或多时隙的网络中。选择性干扰能更有效地破坏通信，同时难以被检测。

不公正的竞争行为：通过操纵通信机制，以利用网络协议的漏洞，抢占带宽资源，影响其他合法设备的通信性能。操纵通信机制是指攻击者通过伪造数据帧或控制帧来欺骗网络设备，使其获得比其他合法设备更多的带宽，导致其他合法设备的通信延迟增加，甚至无法正常通信。

3) 网络层

网络层的核心职责在于确保数据能够从起始节点顺利地通过一系列的路由步骤传送至目标节点。在这一过程中，数据的传递往往需要经过若干个中继节点。随着中继节点的增多，网络遭受攻击的可能性也随之增大。

网络层所面临的 DoS 攻击手段多样，包括但不限于以下几种：数据包的丢弃与拦截攻击、数据流量的异常汇聚攻击、路由信息的恶意篡改攻击、利用虚假地址进行的欺骗攻击以及通过吸收所有数据包造成通信中断的黑洞攻击等。这些攻击手段通过不同的策略干扰网络层的正常功能，增加网络的脆弱性和不稳定性。

丢弃与拦截攻击：包括丢弃数据包和拦截数据包两种方式，这两种攻击会破坏数据传输或窃取信息，影响网络的正常运行和数据的保密性。丢弃数据包是指攻击者控制网络中的某个中继节点，故意丢弃通过该节点的数据包，导致数据无法到达目的地。拦截数据包是指攻击者伪装成合法节点，以中间人的方式在数据传输过程中拦截数据包并窃取其中的信息，可能导致敏感数据泄露。

数据聚集攻击：通过操纵数据聚集过程来干扰网络数据的传输和处理，破坏网络数据的完整性和准确性，主要有伪造数据聚集节点、数据包注入和阻断聚集过程三种形式。伪造数据聚集节点是指攻击者伪装成合法的聚集节点，接收并篡改其他节点传输的数据，使得汇聚后的数据不准确，影响数据分析和决策。数据包注入是指攻击者向数据聚集节点注入大量虚假的数据包，扰乱正常的数据聚集过程，增加节点的计算负担，导致网络资源耗尽。阻断聚集过程是指攻击者通过发送干扰信号或恶意控制帧，阻断数据聚集节点与其他节点的通信，破坏数据聚集过程。

路由误导攻击：通过操纵路由信息来改变数据包的传输路径，主要有发送虚假路由信息、路由环路创建和路由优先级篡改三种攻击手段。发送虚假路由信息是指攻击者向网络中的其他节点发送虚假的路由更新信息，以误导节点选择错误的路由路径，导致数据包无法到达目的地或通过不安全的路径传输。路由环路创建是指攻击者通过篡改路由表，创建数据包的路由环路，使得数据包在网络中无限循环，消耗网络资源，导致网络拥堵和性能下降。路由优先级篡改是指攻击者通过篡改路由信息，使得数据包选择低效或高延迟的路径传输，影响网络的传输效率和服务质量。

黑洞攻击：图 4-12 描绘了一个典型的黑洞攻击情形，攻击者通过伪装成网络中的合法节点，吸引并丢弃所有通过的数据包。攻击者的主要策略是向周围的节点散布虚假信息，

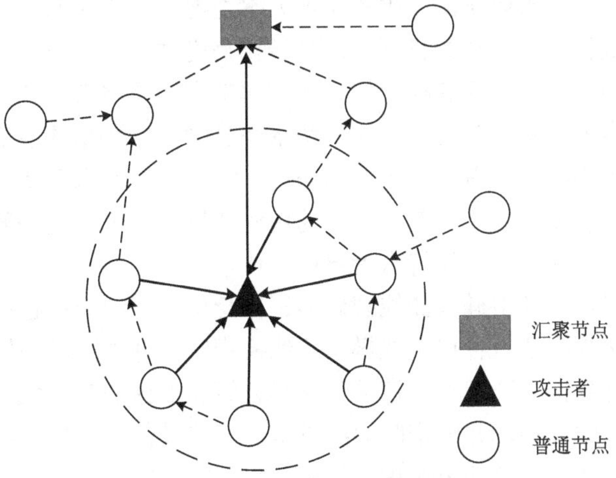

图 4-12 黑洞攻击示意图

声称自己掌握了通往汇聚节点的最短路径，这导致周边的节点误认为攻击者节点是最佳的传输中介。当这些节点有数据需要发送至汇聚节点时，便会优先选择通过这个误认为是“合法”的中继节点来转发数据。攻击者节点利用这种手法，像黑洞一样，吸引周围乃至更远距离的节点将数据流向自己，从而控制了信息的流动路径。

4.3.2 水声通信的安全防护技术

水声通信因其开放性、不可靠性和电池容量有限等固有特点，容易受到恶意攻击者的威胁，进而影响通信性能或导致数据泄露。由于水声信道的物理特性与电磁波信道显著不同，传统的地面或水面安全措施并不适用于水下环境，因此需要为水声通信制定针对性的安全策略。本节将从身份认证、数据加密、入侵检测以及主动防御这四个关键方面，系统地介绍如何有效保护水声通信免受安全威胁。

1. 身份认证

在现实生活中，“身份”通常指用于识别或描述某个特定人或事物的独特特征或属性。在计算机领域，“身份”则是指一种可以被计算机理解和识别的实体描述形式。在水声通信网络中，海洋机器人的身份可能是唯一的序列号、一个特定的标识符，或者一组包含其型号、功能等信息的复合数据。同一个海洋机器人在不同的任务中，可能具有多个身份，用于与不同任务或功能相对应。例如，在海洋探测任务中，它可能扮演数据收集者的角色；在海底救援任务中，它可能成为操作执行者。海洋机器人的身份可以通过其角色、功能、任务类型或工作区域等属性进行标识，这些标识定义了它们的身份。

在水声通信中，为了防止伪造、抵赖、冒充和篡改等安全风险，通常采用身份认证和数字签名技术。身份认证是指确认用户或系统身份的过程，确保只有合法主体才能够访问操作系统和相关资源。目前存在一些基于密码的水声通信网络用户身份认证方案，但这些方案无法实现双向认证和用户匿名性，且容易受到密码猜测和内部特权攻击。为了解决这些问题，相关的改进方案不断涌现，例如，基于椭圆曲线密码学(elliptic curve cryptography, ECC)的双因素认证方案，该方案在安全性和效率之间取得了平衡。

在讲解基于椭圆曲线密码学的双因素认证方案之前，首先对密码学的相关知识进行简单介绍。加密指的是将明文(原始可读的数据)转换为密文(加密处理后不可读的数据)，保证信息在传输过程中不被未授权者获取或篡改；解密指的是将密文还原为明文，使合法接收者能够读取信息内容。密钥是用于加密和解密信息的一组数据或参数，是保证加密安全性的核心要素，在密码学中起着至关重要的作用。另外，公钥和私钥分别是非对称加密技术中的两种密钥，它们成对生成，具有各自的用途和特性。公钥是公开的，任何人都可以获取和使用；而私钥是保密的，仅持有者自己知道。

在水声通信网络中，利用椭圆曲线密码学进行身份认证的流程包括以下几个步骤：首先，发送方节点和接收方节点各自生成椭圆曲线密钥对，并共享其公钥。然后，发送方节点向接收方节点发送身份认证请求，请求包含其公钥和加密的时间戳。接收方节点使用椭圆曲线密码验证用户的公钥，并解密时间戳以确认其有效性。随后，接收方节点生成一个认证响应，并使用发送方节点的公钥进行加密，将加密的响应返回给发送方节点。发送方节点解密该响应后，验证接收方节点的身份，确保通信双方的身份都已确认。整个过程确保了发送方节点和接收方节点的身份可信。

此外，一些基于数字签名的水声通信网络认证方法近期被提出。数字签名是一种用于验证数据完整性、发送者身份真实性以及防止否认的密码学技术，它类似于手写签名或印章，但比传统签名更加安全可靠。一些端到端的身份认证数字签名方法通过评估数字签名策略的功耗，提出了基于短签名与聚合签名的验证技术。具体来说，用户首先使用其私钥对身份信息生成数字签名，并将签名连同公钥一起发送给验证方。验证方利用用户的公钥验证该数字签名的真实性，从而确认用户的身份。数字签名确保了消息的完整性和不可否认性，因为只有拥有用户私钥的人才能生成有效的签名，防止身份伪造。此外，数字签名还具有不可抵赖性，即签名者不能否认已签名的信息，因为签名是唯一与用户私钥绑定的，从而有效解决了伪造和抵赖问题。然而，这些方法在应对内部攻击者时效果有限。

信任机制是识别水声通信网络内部攻击者的有效手段，近年来已成为研究热点。这种机制主要通过节点的行为表现来调整其信誉度，从而对抗内部攻击。图 4-13 展示了典型的信任机制框架，该机制常用于抵御 DoS 攻击。在信任机制中，网络管理员通过定义网络协议规则来评分各个水下节点的信誉值，判断它们是否为恶意攻击者。例如，在槽洞攻击中，若邻居节点未正确转发数据包，则标记为不信任；在重放攻击中，若重传相同数据包超过设定阈值，该节点也会标记为不信任，并通知其他节点，将其从路由中除去。结合信道状态信息，信任机制能够通过感知噪声、信号强度综合判断错误和正确行为。

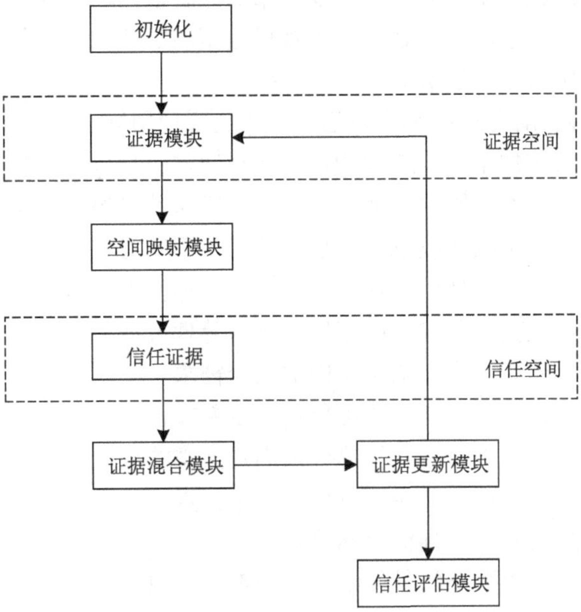

图 4-13 信任机制框架

另外，区块链技术因其信任特性，也常常被考虑应用于水声通信网络的信任机制中。区块链技术是一种分布式数据库系统，它允许多个参与者共同维护一个持续增长的数据记录列表，即区块链。每个区块包含一系列交易记录，并通过密码学方法(如哈希函数等)与前一个区块链接起来，形成一个不可篡改和不可逆的链条。网络管理员通过在区块链共识算法中引入信誉奖惩与投票机制，减少了拜占庭节点(某个会出现错误、故障或恶意行为的节点)的影响，并优化一致性协议流程，降低通信复杂度，实现了有效的身份认证。然而，区块链技术对计算能力的高要求可能显著缩短水下节点的电池寿命，因此，目前仅有少量研究关注区块链技术在水声通信网络中的应用，多数仅限于初步探索。

2. 数据加密

数据加密是保护数据敏感信息的一种技术，通过将明文转换为密文，保证只有授权方可以访问和解读数据，防止数据在传输和存储过程中被未授权的第三方访问或篡改。由于水声信道的开放性和不稳定性，确保数据的保密性和完整性在水声通信中尤为重要。数据的保密性通过数据加密技术实现，从而抵御恶意攻击者的窃听行为；数据的完整性，即确保数据在传输过程中保持原始状态而不被篡改或破坏，也能通过数据加密技术在一定程度上得到保护。

关于加密技术的内容，在前面已经介绍了一部分内容，本节主要从非对称加密和对称加密两方面展开介绍。非对称加密，也称为公钥加密，是指发送方使用公钥来加密数据。在水声信道中，非对称加密算法的通信流程通常包括以下步骤：首先，发送方使用接收方的公钥或其他加密方法对消息进行加密，将加密后的密文通过水声信道发送出去；接收方收到密文后，使用自己的私钥进行解密，还原出原始消息。通过这种方式，非对称加密算法确保了数据在传输过程中不会被未经授权的第三方解读，从而保证了通信的机密性。然而，该方法的计算复杂度较高，仅适用于小规模数据的加密，常见的非对称加密算法包括椭圆曲线密码学、数字签名算法等。

与非对称加密不同，对称加密是指发送方和接收方使用同一个密钥来加密和解密数据。在水声信道中，基于对称加密算法实现的通信流程通常包括以下步骤：首先，发送方和接收方预先共享一个对称密钥，发送方使用该对称密钥对消息进行加密，并将加密后的密文通过水声信道发送出去；接收方收到密文后，使用相同的对称密钥进行解密，还原出原始消息。常见的对称加密算法包括数据加密标准、高级加密标准等。由于该方法的密钥分发过程存在安全风险，因此需要更安全的密钥共享与管理方法。在实际应用中，通常会把两种加密技术混合使用来满足水声通信中不同的安全需求。

除了对称和非对称加密技术外，还可以使用哈希加密、椭圆曲线密码学等算法对水声通信数据进行加密。哈希加密算法将消息分成固定大小的块，对每个块进行迭代计算，最终输出固定长度的散列值。该方法主要有以下三个特点。

单向性：恶意用户无法从散列值反向推导原始消息。

灵敏性：通信第三方对数据的任何细微改动都会导致完全不同的散列值。

抗碰撞性和抗预测性：恶意用户难以找到相同散列值的不同消息或预测散列值。

椭圆曲线密码学算法选择椭圆曲线和基点，然后将消息映射到椭圆曲线上的点，并对该点进行加密操作。在加密过程中，发送方使用接收方的公钥和椭圆曲线点进行数学运算，生成密文。接收方收到密文后，通过相应的解密操作，将椭圆曲线点转换回原始消息。在相同的安全性水平下，椭圆曲线密码学算法所需的密钥长度更短，难以通过已知的计算方法破解，从而提供更高的安全性。

许多加密算法计算复杂度高，而水声通信节点硬件计算能力有限，常导致节点资源消耗过大、寿命缩短等问题。为解决此类问题，研究者通常设计轻量级加密算法来提升计算效率和节能效果。另有一些研究通过选择辅助节点发送干扰信号保护数据安全。例如，基于遗传算法优化干扰功率，能够最大限度地减少能量消耗，延长网络寿命。如图 4-14 所示，节点 A 是合法发送方，节点 B 是合法接收方，节点 A 向节点 B 发送合法数据，窃听节点 1 和窃听节点 2 处于辅助节点 1 所保护的区域，因此辅助节点 1 可以发射干扰信号，干扰窃听节点 1 和窃听节点 2 对合法数据的采集。

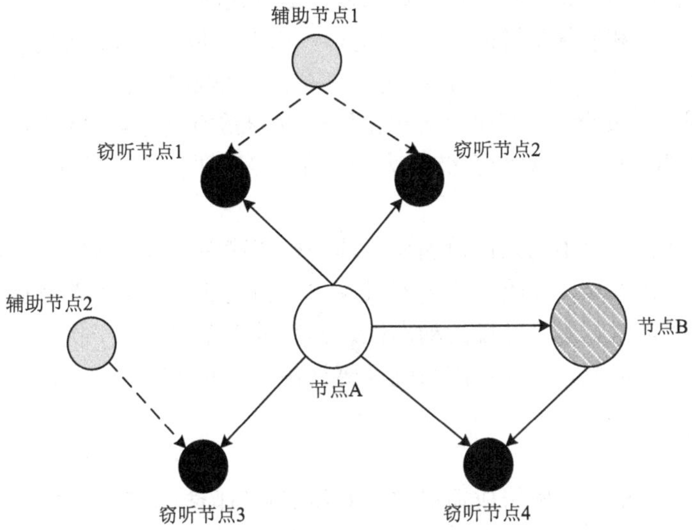

图 4-14　协同干扰传输方法

在水声通信中，利用环境特征参数生成加密密钥已成为目前研究的另一个热点。研究者提出，通信双方可以通过提取和量化信道的特征来生成加密密钥，以增强密钥的安全性和随机性，从而提升加密过程的安全性。例如，信道的噪声特性、传播延迟等都可以作为生成密钥的依据，使得即使在复杂的水声环境中，也能确保密钥的安全性。

为了进一步增强水声通信网络的完整性和机密性，一些研究探索了利用海洋生物声音进行加密的新方法。这些研究利用海洋生物如抹香鲸和长鳍领航鲸等的特征叫声脉冲，将这些特征叫声脉冲用于隐写技术中，通过将信号隐藏在可能被过滤的脉冲中，能够有效地保护水下通信数据的保密性和完整性。例如，通过分析这些海洋生物叫声的频率、强度和持续时间，可以生成独特的加密模式，使得数据在传输过程中更加安全，难以被攻击者窃听。

3. 入侵检测

数据加密和身份认证技术是水声通信网络抵御外部威胁的重要防线。然而，一旦节点被攻陷，攻击者便能获取所有敏感信息，使得数据加密和身份认证措施失效。入侵检测系统作为辅助防御手段，能够识别内部的恶意行为，弥补预防措施的不足。在水声通信网络中，入侵检测技术主要分为基于异常的检测、基于特征的检测和混合型检测。

基于异常的检测技术通过识别与正常模式不符的行为来发现入侵行为，基于特征的检测技术则通过匹配已知的攻击模式来识别入侵行为。然而，单独使用基于异常的检测可能无法准确识别具体的入侵手段，尤其是在水声通信网络这样复杂且多变的环境中，存在将正常行为误判为恶意行为的风险。此外，基于特征的检测能够更准确地识别已知攻击，但对未知攻击的检测能力有限，且随着特征库的增大，检测速率可能降低。因此，结合这两种机制的混合型检测方法能够提供更全面的判断，但同时也增加了系统的复杂性和资源消耗。

考虑水声通信网络的特殊性，在设计入侵检测系统时，除了注重检测的准确性，还须关注其对通信、内存和能量资源的影响。例如，在水下环境监测等应用中，海洋机器人等水下节点的位置信息至关重要，直接决定了任务是否能够成功执行。在近年的研究中，针对水声通信网络的安全性，有研究者提出了一种异常检测方案来识别错误的位置信息，该方案针对水声通信网络计算和存储能力的限制，为不同位置信息的节点分别设计了检测方法。

此外，水声通信网络中的入侵检测还须解决检测速率、自适应能力等问题。由于水声通信网络具有较高的发送、接收功率，若只注重检测成功率而忽略检测速率，节点在耗尽攻击下会迅速耗尽能量。水下环境的动态性，尤其是强烈的噪声干扰，可能导致传感器节点的通信行为异常，因此，入侵检测系统需要具备一定的自适应能力，以减少误判。

4. 主动防御

主动防御是指在潜在威胁造成损害前采取预警和风险控制等积极措施。与传统的被动防御策略相比，主动防御允许防御者通过预测攻击行为，及时调整防御措施以规避或减少潜在威胁。例如，美国倡导的“改变游戏规则”的技术之一——移动目标防御(moving target defense, MTD)是主动防御的代表。如图 4-15 所示，移动目标防御通过不断改变系统的配置、网络拓扑结构、应用程序的行为等，使得攻击者的攻击面不断变化，从而增加攻击的难度和成本，在系统安全、数据安全等领域有着广泛的应用。

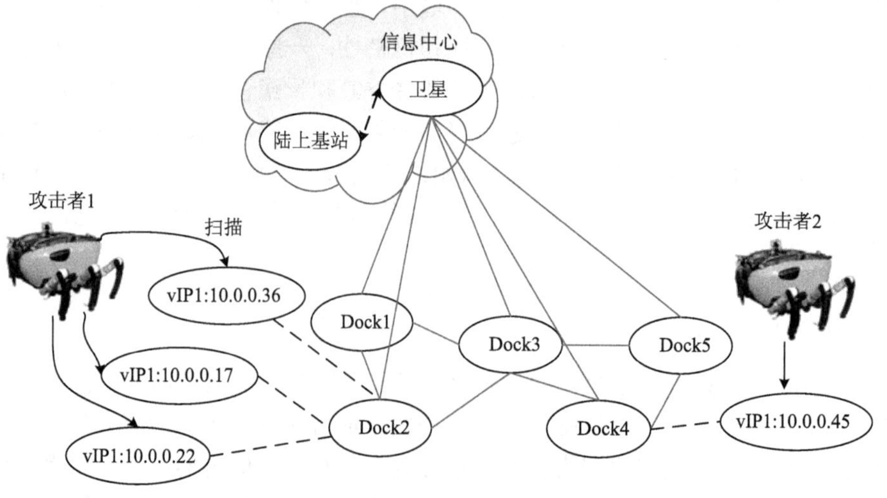

图 4-15　移动目标防御典型案例

目前，主动防御技术在水声通信网络中的应用仍处于探索阶段。近年来，一种基于软件定义网络(software defined network, SDN)的技术被提出，创建了一个灵活、可编程的水声通信网络框架，引入了移动目标防御、主动同步检测和基于阻抗测量的方法，以主动抵御扫描攻击、探测攻击和虫洞攻击等。移动目标防御通过不断变化防御方的IP地址，增加了系统的不可预测性，有效抵御了攻击者的扫描攻击和虫洞攻击。另外，还出现了一种主动防御算法，将表现良好的节点设置为下一阶段的主要通信节点，而将表现不佳的节点用作分散攻击的幌子，吸引攻击者注意力至诱饵节点，从而保护关键路由节点的安全。同时，为了保护汇聚节点的位置隐私，也出现了一种基于多个虚假路径的方法，通过随机路由和定向路由的组合，生成路径多样性，使攻击者难以获得有效信息。

在主动防御策略优化中，博弈论扮演了重要的角色，以增强网络的主动防御能力。博弈论是研究具有冲突和合作特征的决策者(通常称为玩家)在特定情境下如何做出决策的理论，它是一种数学模型和分析工具，用于预测和解释玩家在各种策略选择中的互动行为。博弈论的核心概念如下。

玩家：在博弈中做出决策的个体或团体。

策略：玩家可以选择的行动方案或决策规则。

收益：玩家从特定策略组合中获得的结果或效用。

信息：玩家在做出决策时所拥有的关于博弈的信息。

均衡：一种状态，其中没有玩家能通过单方面改变策略来获得更好的结果。

博弈论的主要类型可以根据不同的分类标准划分为多种，常见的分类方式有以下几种。

1)按信息完备性分类

完全信息博弈：所有玩家都完全了解博弈的规则和所有其他玩家的收益函数。

不完全信息博弈：至少有一个玩家对博弈的某些方面(如其他玩家的收益函数等)缺乏完全了解。

2)按博弈时间结构分类

静态博弈：所有玩家同时选择策略，且没有任何玩家知道其他人的选择。

动态博弈：所有玩家按顺序选择策略，后续选择的玩家可以看到前面的选择。

3)按玩家的合作意愿分类

合作博弈：玩家可以结盟并达成协议，共同决定策略以最大化整体收益。

非合作博弈：每个玩家独立制定策略，旨在最大化自身利益。

4)按博弈的结果分类

零和博弈：一个玩家的收益或损失与另一个玩家的损失或收益完全相对应，总和为零。

非零和博弈：玩家的收益和损失不必完全相对应，总和可以是正数或负数。

在水声通信网络的认证过程中，一些学者将水面基站与水下恶意节点之间的互动视为零和博弈，研究了在欺骗攻击下如何找到纳什均衡点；部分研究分析了恶意节点执行干扰攻击的场景，并建立了多阶段博弈模型来推导最优防御策略；在此基础上，另有研究者考虑了干扰者完全了解发送者而发送者对干扰者一无所知的非对称信息环境下的博弈，得出了非对称知识博弈的最优策略，其中，多阶段博弈和非对称知识博弈是博弈论中两种特殊的类型。

多阶段博弈强调的是博弈过程中存在多个决策点或阶段，它允许研究者考虑时间序列中的策略互动和动态变化。这种博弈可以是完全信息的，也可以是不完全信息的；可以是零和的，也可以是非零和的。

非对称知识博弈关注的是博弈玩家之间信息的不对称性，它指的是博弈中的一个或多个玩家掌握的信息比其他玩家多，这种信息的不对称性会影响玩家的决策和博弈的结果。另外，这种信息不对称可以存在于任何类型的博弈中，包括零和博弈、非零和博弈、合作博弈等。

4.4 本章小结

本章从海洋机器人通信安全的角度出发，对海洋机器人通信概述、水下通信现状、水声通信风险与防护三部分内容进行了详细论述。在通信概述部分，本章重点讨论了通信系统的概念与组成，介绍了海洋机器人水下通信面临的环境与挑战问题，包括水下环境的物理特性、电磁干扰、通信同步和能量限制。在水下通信现状部分，本章对水下有线通信、水下无线通信和水下融合通信这三种通信方式进行了介绍，在水下无线电通信、水下无线光通信和水声通信这三种典型的水下无线通信中，选择水声通信并对其关键技术与协议进行了详细描述。最后，本章分析了海洋机器人水声通信面临的安全威胁，并介绍了相应的防护技术。

思考题

4-1 如何通过通信协议或技术设计提高水下通信系统的抗干扰能力？

4-2 比较水下有线通信和水下无线通信在海洋机器人中的优缺点，讨论在不同应用场景下如何选择合适的通信技术。

4-3 探讨水下融合通信技术(如多模态通信等)在提升海洋机器人任务执行能力方面的潜力，特别是在复杂环境下的应用优势。

4-4 解释水声通信在海洋机器人中的重要性，分析物理层、数据链路层和网络层在水声通信中的具体应用和技术挑战。

4-5 比较不同类型的攻击对海洋机器人任务执行的潜在影响，并探讨如何在设计阶段考虑安全性，降低可能的风险或后果。

4-6 讨论保密性和完整性在水下通信中的重要性，评估常见的加密技术(如对称加密、公钥加密等)在保护通信数据中的应用效果和实际挑战。

4-7 如何综合利用身份认证、保密性和完整性保障、入侵检测和主动防御技术，构建一个综合的水下无线通信安全防护策略？探讨这些技术在协同工作时可能出现的挑战以及如何解决这些挑战。

4-8 分析未来可能出现的水下无线通信安全威胁，如量子计算对加密算法的威胁或新兴技术(如 AI 等)对入侵检测的影响。讨论如何通过前瞻性安全研究和技术准备，提前应对这些潜在威胁。

第5章　组 网 安 全

随着人类对海洋探索程度的加深，任务的复杂度也不断增加，单个或少量海洋机器人的能力已经无法满足要求，取而代之的是海洋机器人集群的协同作业模式。这一转变促使了从点对点的局部通信向更广泛、更复杂的网络化通信的需求升级。为此，海洋机器人组网技术应运而生，其通过在多个可移动的机器人节点之间动态建立通信网络，实现大规模集群间的高效信息传输，因此又称为移动自组网(mobile ad hoc network, MANET)。然而，机器人节点的动态移动以及水下无线信道的开放特性对实现可靠通信网络提出了诸多挑战。

本章将深入探讨海洋机器人的组网安全。首先，本章介绍海洋机器人组网的基本概念、特点、拓扑结构与发现现状；然后，详细介绍组网中的协议与关键技术，主要包括路由协议及定位与时钟同步技术；最后，聚焦于组网安全中的挑战，分析存在的安全威胁和漏洞，并介绍相应的安全防护措施和技术手段。

5.1　海洋机器人组网概述

在海洋机器人中，组网是指通过物理链路(通常为声波)连接多个机器人节点，高效可靠地执行命令下发、信息共享等操作，从而实现海洋机器人集群协同作业。在第4章中介绍了通信技术，其主要关注一个机器人到另一个机器人的信息有效传输，组网则涉及多个机器人之间的互相连接，因此更加适用于复杂场景下的作业场景。

然而，由于地理环境的复杂性和动态性，传统的固定网络结构难以满足海洋机器人的组网需求。移动自组网具有高度灵活性和自主性的特性，可以自主调整网络拓扑结构以适应海洋机器人集群的位置变化，成为海洋机器人组网的一种有效解决方案。其中，传感器网络(sensor network，以下简称传感网)作为移动自组网的一个子集，是由大量传感器节点构成的一种特殊自组织网络，能够实现海洋环境数据的全面采集、实时传输与智能处理，也得到了广泛应用。

本节将介绍海洋机器人组网的基本概念和特点。首先，阐述组网的基本概念，探讨其在海洋机器人中的应用和意义。然后，描述海洋机器人中移动自组网的特点。接着，本节聚焦于海洋机器人组网方式，分析各自的优势和挑战。最后，介绍海洋机器人组网的发展现状。

5.1.1　组网的基本概念

组网是指通过一定的通信协议和技术手段，将分散的通信系统连接成一个有机整体，以实现信息的实时传输、共享和处理。在海洋机器人中，组网不仅是连接各个机器人系统的桥梁，更是确保系统高效协同作业、实时响应环境变化的关键。鉴于本章所探讨的组网技术均聚焦于无线通信，后续提及的各类无线组网在第一次出现时使用全称形式进行说明，后续将统一省略“无线”两字，使用简称形式。

在海洋环境中，组网面临以下挑战。

地理位置分散：海洋环境广阔，海洋机器人或设备分布在广阔的海域中，导致系统间的距离较远，增加了组网的难度和复杂性。

通信条件复杂多变：海洋环境中的通信条件受到多种因素的影响，如海水深度、盐度、温度、波浪、潮汐等，这些因素可能导致信号衰减、多路径效应、时延等问题，严重影响通信质量。

资源限制：海洋环境中，海洋机器人系统的能源和带宽资源有限，需要高效利用这些资源来确保组网的可靠性和实时性。

干扰和冲突：海洋环境中，可能存在来自其他无线通信系统、雷达系统或自然因素的干扰，这些干扰可能导致组网冲突或中断。

安全性问题：海洋环境中，可能存在恶意攻击或窃听的风险，需要采取安全措施来保护组网过程的安全性。

网络拓扑结构频繁变化：海洋机器人可能因移动、故障或环境干扰而频繁加入或离开网络，导致网络拓扑结构动态变化，这对网络的稳定性和可靠性提出了更高的要求。

为了应对上述组网挑战，移动自组网作为一种灵活、自适应的网络形态，成为海洋机器人组网的重要选择。它具备自组织、自愈合和自适应的特点，能够在没有固定基础设施支持的情况下，通过系统间的相互通信和协作，自主构建和维护网络。在海洋环境中，移动自组网能够根据环境变化和任务需求，实时地适应海洋环境的变化，自主构建和维护网络拓扑结构，实现节点间的信息交互和协同作业。

水下无线传感网(underwater wireless sensor network, UWSN)是移动自组网的一个子集，它通过特定的组网方式，将众多分散在水下的传感器节点连接起来，形成一个协同工作的网络。这些传感器节点能够感知海洋环境中的各种参数，如水温、盐度、流速、压力以及海洋生物活动等，并将采集到的数据通过无线方式传输至中央处理单元。水下传感网不仅提高了数据采集的效率和准确性，还增强了系统的可扩展性和自适应性，为深入探索海洋奥秘、保护海洋生态环境以及开发海洋资源提供了重要的技术支持。

水下传感网与其他典型移动自组网的一个重要区别是节点的移动性。水下传感网的节点是固定不变的，而移动自组网能够根据机器人间的距离和位置变化，自动调整网络拓扑结构，确保数据的高效传输和共享。同时，如果某个节点出现故障或通信链路中断，移动自组网能够迅速发现并进行自我修复，保障整个系统的稳定性和可靠性。

5.1.2 移动自组网的特点

日常生活中使用的通信网络，通常需要有固定的网络设施，如基站、路由器、交换机等，而这些并不适用于海洋环境。也就是说，移动自组网需要在不具备基础设施的情况下实现节点间的通信。在海洋环境下构建移动自组网的过程中，需要考虑下述多个问题。

1. 自组织性

移动自组网是一种无中心的自组织网络，不依赖于任何预设的基础设施或中央控制节点。每个节点在网络中都具有同等地位，既可以发送和接收数据，也可以充当中继节点转发其他节点的数据。这种去中心化的设计使得网络具有更高的鲁棒性，能够在某些节点失效时继续运行。此外，移动自组网可以根据需求快速部署和扩展，特别适用于海洋探测和应急救援等需要灵活组网的场景。

2. 多跳路由

在移动自组网中，数据包可以通过多个中继节点进行传输，即多跳路由。由于海洋环境中的通信距离较长且信号容易受阻，多跳路由成为确保数据传输可靠性的重要手段。通过多跳传输，可延长通信距离，并提高网络的覆盖范围和灵活性。

3. 传输带宽有限

移动自组网的带宽通常受到限制，尤其是在海洋环境中，传输信道的质量会受到水下环境的干扰和衰减。有限的带宽要求网络协议和应用程序必须高效利用可用资源，避免带宽浪费。通过使用压缩数据、优化传输协议和使用高效的编码等技术，可以提高数据传输效率和质量。

4. 单向信道

在移动自组网中，由于各个节点的无线发射功率不完全相同，同时无线信号的传输又受到复杂的海洋地形等自然因素的影响，因此网络中仅能使用单向信道。单向信道意味着在某一特定的时间或条件下，信息只能从一个节点传输到另一个节点，而不能实现双向的通信。

5. 计算资源受限

海洋机器人的计算能力、存储空间和电源供应都相对有限。这些限制要求网络协议和算法设计必须高效、轻量化，能够在有限资源下提供可靠的通信支持。同时，节能技术和能量管理策略也在移动自组网中扮演重要角色，以延长节点的工作时间和网络的整体寿命。

6. 低安全性

由于移动自组网的去中心化特点和无线信道的开放性，在海洋环境中，安全问题尤为突出。因为数据传输不仅涉及科学探测结果，还可能包含敏感的地理和资源信息，所以水下传感网需要采用多层次的安全机制，以提高网络的安全性和抗攻击能力。

7. 动态拓扑

移动自组网的网络拓扑结构会随着节点的移动而不断变化。在海洋环境中，海洋机器人会因为洋流、波浪和任务需求而频繁移动，导致网络中的连接关系不断更新。这种动态变化的拓扑结构要求网络能够快速适应变化，确保通信的连续性和稳定性。因此，水下移动自组网采用了多种动态路由协议，以应对频繁的拓扑变化。

如图 5-1 所示，A、B、C、D、E 是组成这个网络的 5 个节点，虚线圆环代表节点 A

的信号覆盖范围，实线连接关系代表两个节点之间能直接通信。在图 5-1(a)中，节点 D 可以和节点 A 直接通信；在图 5-1(b)中，由于节点 D 运行到了节点 A 覆盖范围之外，因此节点 A 和节点 D 间的通信需要借助节点 B 和节点 C 中继。

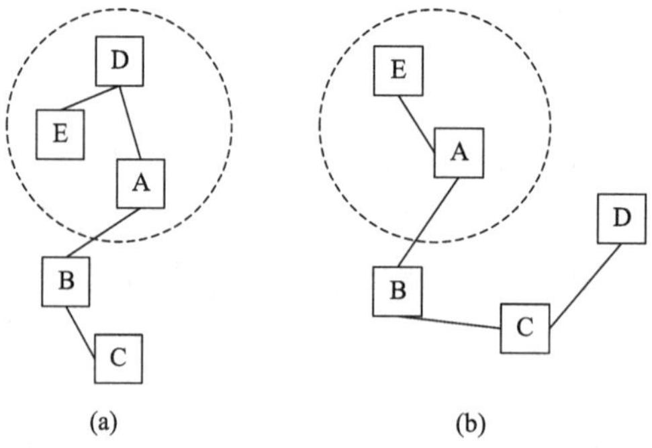

图 5-1　移动自组网拓扑结构变迁示意图

特别注意的是，水下传感网，作为移动自组网的一个子集，同样具备上述前六个特点。然而，由于水下传感网的节点位置一般相对固定，因此通常采用固定的网络拓扑结构即可，一定程度上降低了对组网设计的要求。

5.1.3　海洋机器人组网的拓扑结构

为了实现多样化的作业任务需求，通用的移动自组网的拓扑结构主要包含平面网格结构和分级结构等类型。在海洋机器人组网中，针对上述拓扑结构进行了进一步的适配，从而更好地适应海洋环境，以实现高效的数据通信和协作。

根据网络结构的不同，海洋机器人组网的拓扑结构主要包括分布式拓扑结构和分层式拓扑结构。分布式拓扑结构基于移动自组网中的平面网格结构，适用于需要高动态适应性和多路径通信的任务，可以提供较高的网络鲁棒性和可靠性。分层式拓扑结构建立在移动自组网中的分级结构之上，通过层级结构和簇头节点的集中管理，优化网络的通信负载和数据传输效率，适用于更大规模和更复杂的任务。分布式拓扑结构以其灵活性和可靠性而著称，分层式拓扑结构则以其有序性和高效性而受到青睐。

1. 分布式拓扑结构

在分布式拓扑结构中，每个节点都具有同等地位，能够自由地加入或退出网络，没有中心控制节点或固定的层级结构。这种平等的节点身份使得源节点和目的节点之间可以通过多条路径进行通信，从而降低了网络拥塞的可能性。当某个节点出现故障或通信链路中断时，其他节点可以迅速地调整通信路径，确保数据可以通过其他路径正常传输。这种灵活性使得分布式拓扑结构在面对海洋环境的复杂性和不确定性时，能够保持较高的整体可靠性和稳定性。

图 5-2 展示了水下海洋机器人通过分布式拓扑结构进行组网的一个示例，其中 A、B、C、D、E 分别是 5 个海洋机器人。由于采用分布式拓扑结构，因此所有节点的地位平等，形成一种对等式结构。在这种组网方式中，任何两个机器人之间都能灵活构建多条通信路

径。例如，A 和 B 之间如果需要建立通信链路，有 ADEB、ACDEB 和 ACB 三种不同的路径选择。这种分布式拓扑结构的特点是每个海洋机器人的功能相同，机器人可以自由加入或退出网络，通过自由竞争实现通信。分布式拓扑结构的优势在于其算法简单，不受节点数量影响，适合建立高自由度的通信网络。然而，当节点间距离较远时，可能需要更多的跳数来传输数据，相比分层式拓扑结构而言，可能会增加传输延迟和能耗。鉴于目前水下通信能力较弱，该结构主要用于建立小范围的自由通信。因此，分布式拓扑结构特别适合海洋机器人通信环境中的小规模组网。

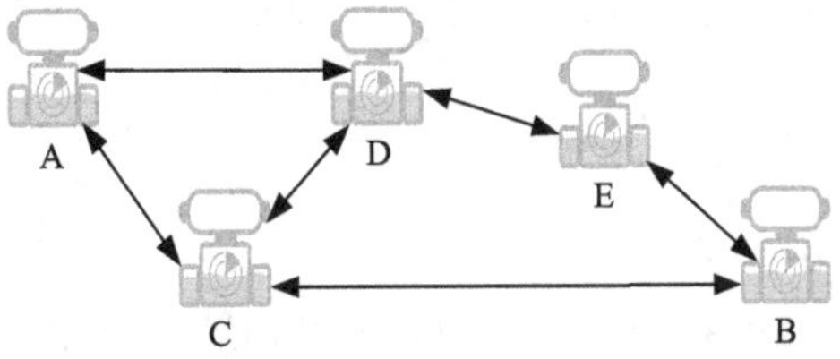

图 5-2　基于分布式拓扑结构的组网示意图

2. 分层式拓扑结构

分层式拓扑结构将网络划分为多个层级，每个层级由一个簇头节点和多个成员节点组成。成员节点主要负责数据采集和传输。簇头节点负责簇内数据的转发、协调和管理，以及与其他簇头节点之间的通信。由于簇头节点需要承担更多的通信和管理任务，因此其能耗通常高于成员节点。为了平衡节点能耗并延长网络寿命，分层式拓扑结构通常采用簇头节点轮选机制，即簇内各节点轮流担任簇头节点。这种方式可以有效地避免某些节点因能耗过高而过早失效，从而提高整个网络的稳定性和可靠性。此外，通过簇头节点的引入和管理，可以实现更加有序和高效的数据传输。簇头节点可以根据网络拓扑结构和节点状态来动态地选择和优化路由，保证数据链路的实时连通性。同时，簇头节点还可以对簇内成员节点进行管理和调度，实现资源的有效分配和网络的负载均衡。这种管理方式使得分层式拓扑结构在海洋机器人中具有更好的可扩展性和可管理性。

如图 5-3 所示，5 个水下机器人之间采用分层式拓扑结构进行组网，划分为两个簇，每个簇中都包括一个簇头机器人和一个至多个普通机器人。如果机器人 A 需要和机器人 B 建立通信，机器人 A 将首先把信息发送给其所在簇的簇头机器人，然后该簇头机器人将信息传递给机器人 B 所在簇的簇头机器人，最后由机器人 B 所在簇的簇头机器人将信息发送给机器人 B。分层式拓扑结构的核心在于簇的划分，每个簇由一个簇头和多个簇成员组成。簇头机器人负责簇间数据的转发，并形成一个较高层级的网络。这个层级网络可以继续分簇，形成更高层次的网络结构。当不同簇中的节点需要通信时，数据会先通过各自簇的簇头进行中转，最终到达目标节点。相比于固定基础设施的成熟网络，分层式拓扑结构也依赖于簇头机器人进行数据的转发，然而，不同之处在于分层式拓扑结构中的簇头机器人是动态变化的，它们可能因海洋机器人间的连接情况而失去簇头地位，转变为普通机器人。同时，普通机器人在移动过程中也可能成为新的簇头机器人。这种灵活的组网方式使得组网结构算法的复杂度随着网络层数的增加而显著增加，但也特别适用于军事领域大型编队的组网需求。

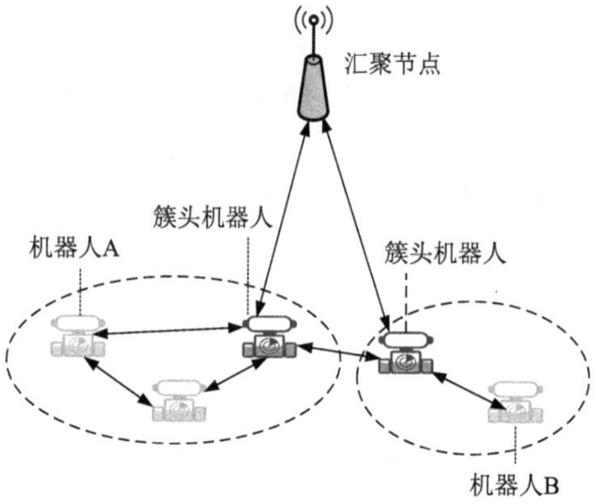

图 5-3　基于分层式拓扑结构的组网示意图

5.1.4　海洋机器人组网发展现状

在海洋机器人组网研究方面，我国相较于一些发达国家起步较晚。尽管如此，随着国家综合国力的不断提升和对海洋建设的重视，我国已经启动了多项大型科研计划，国内许多高校和科研机构加强了在此领域的研究力度，促进了海洋机器人组网技术的迅速发展。

国外在海洋机器人组网技术方面有着较早的研究和应用。美国海军从 1998 年开始研究的广域海网(seaweb)项目，集成了异构自主水下航行器集群网络，包括海底固定水声节点和移动节点等通信设备。在接下来的 12 年中，该项目进行了多次试验，目标是增强海军作战能力。同时，美国海军研究办公室和空间与海战系统司令部也共同研发了可部署自主分布式系统(deployable autonomous distributed system，DADS)，进一步拓展了网络的能力和覆盖范围。欧盟在 2006～2009 年支持的 Grex 项目则探索了多无人航行器组网技术，实现了异构无人平台的组网，突破了多项关键技术，增强了系统的环境适应性和通信链路的稳定性。

我国在“十一五”至“十三五”期间已经在常规潜水器的关键技术上取得显著突破，推动了水下组网理论的深入研究。2014 年，中国科学院声学研究所与哈尔滨工程大学、中国船舶集团第七一五研究所及浙江大学联合开展的水声组网技术研究项目在南海成功进行了 15 个节点的水声组网测试。2019～2021 年，国家重点研发计划“深海关键技术与装备”专项进一步推动了国内技术的突破，该项目建立的一个包含 54 台异构潜水器的网络系统，不仅提供了区域内的定位和短报文通信功能，而且通过异构通信辅助网络，显示出优异的网络性能，包括高包到达率、良好的吞吐量和有效的能量使用效率。由此可见，中国在海洋机器人组网领域虽起步晚，但已取得多项研究成果，同时展现出了强大的发展潜力。

5.2　海洋机器人组网协议与关键技术

复杂的海洋信道(通常为水声信道)和水下移动自组网自身特性对其所涉及的网络协议和关键技术提出了很高的要求。首先，水下移动自组网中的各个节点任意分布且动态变化，各节点之间通过无线的方式互联，既是通信的主体又须充当路由器角色，这使得水下路由协议须根据网络的拓扑结构、节点的移动特性、数据产生的时间周期、数据流的方向等因素来综合考虑。此外，为了保证网络服务正常运行，定位与时钟同步技术需要在严苛条件下为其他网络功能(如路由、数据传输等)提供准确的节点位置信息，以实现高效率、高质量的水下移动自组网通信。

下面将分别介绍水下移动自组网中的路由协议和定位与时钟同步技术。

5.2.1　路由协议

水下移动自组网有多种类型，水下传感网可跨越数千米，而移动性更强的海洋机器人集群自组网可能会经历快速变化的信道。因此，在水下移动自组网中，路由选择是一个相当大的挑战，尤其是当节点处于非稳定状态时。这意味着，一个路由链路在某一时刻运行良好，但在下一时刻可能完全失效。典型的水下移动自组网路由过程可分为以下几个步骤，并以按需驱动路由协议为例进行概要说明(按需驱动路由协议的具体内容将在后面进行更详细的介绍)。

路由发现：当源节点需要向目的节点发送数据时，需要确定可达的路由链路。这一目标即为路由发现，通常使用广播方法来进行。源节点可依据设定的路由选择算法在每个转发集中选择最优的下一跳转发节点，最终将到达目的节点。如图 5-4(a)所示，源节点 A 向通信范围内的节点广播路由请求(route request, RREQ)以进行路由发现，虚线圈内的节点 B、C 为路由选择算法所选定的最优下跳节点。如图 5-4(b)所示，当目的节点 F 收到路由请求后，将发送路由回复(route reply, RREP)完成路由回溯过程，当源节点 A 收到目的节点 F 的路由回复后，一条路由链路即正式建立成功。在水下组网中，数据传输通常采用分组传输的方式，即将数据分成多个数据包，每个数据包在途中经过多个中继节点进行转发，最终到达目的节点。

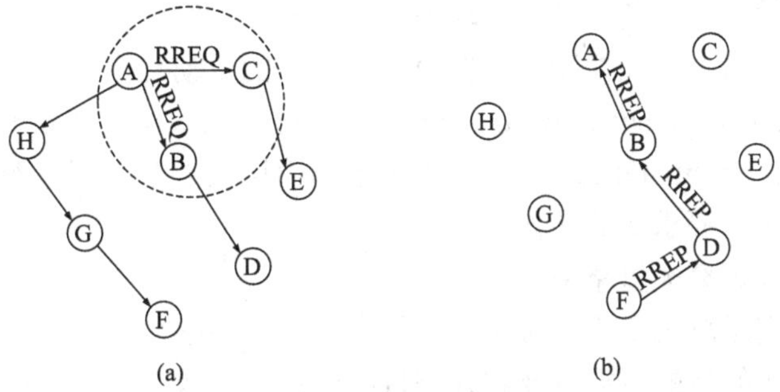

图 5-4　路由发现示意图

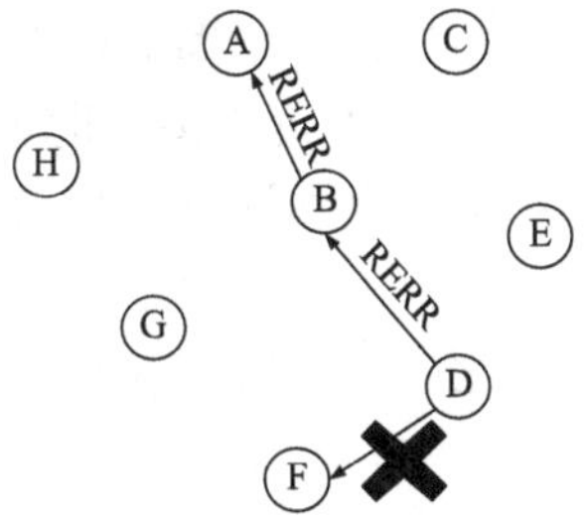

图 5-5　路由维护示意图

路由维护：在水下移动自组网中，节点之间的通信链路通常是不稳定的，可能会因为水流速变化、水下物体移动等而发生变化，因此路由维护的任务是监测节点之间的通信链路，并及时更新转发集的邻节点信息，以保证数据的可靠传输。如图 5-5 所示，当节点 F 因特殊原因超出通信范围或发生路由断开时，检测到节点 F 状态的相邻节点 D 将向源节点 A 发送路由错误(route error，RERR)消息，链路中节点在接收到消息后将更新自身路由信息。

路由优化：水下路由算法通常是为了在不同的网络负载和拓扑条件下实现最优的路由路径。然而，由于水下环境的特殊性，网络中可能会出现路由空洞的问题，即某些区域无法到达或者只能通过远距离的路径到达，这会导致数据包丢失或延迟增加甚至网络中断。路由优化的目标就是通过对路由算法的改进，减少路由路径的时延、提高网络吞吐量和节省能量消耗，降低路由空洞发生的概率。

目前有很多专为水下传感网设计的路由协议，如位置相关的矢量转发路由协议及位置无关的深度依赖路由(depth based routing, DBR)协议等。这些协议同样应用于常规的水下通信场景(关于上述路由协议的相关内容请参见第 4 章)，在这些协议中，节点之间的通信依赖于一个静态的已知汇聚节点，并假设所有数据流最终都会流向这个固定的已知汇聚节点，这意味着节点无须定位目的地就能使用算法发送数据。此类路由协议主要适用于节点动态性不强、拓扑结构预设且相对固定的组网情况。

对于节点位置无法提前得知且不固定的组网需求，需要使用更通用的路由协议，以应对任何水下场景、拓扑结构和应用服务。在这些协议中，源节点首先必须进行路由发现并定位目的节点，确定路由链路后方可正常通信。这些协议的优点在于它们可以部署在任何网络(静态或动态)中，而且不对节点的位置网络设置与数据传输方式进行任何假设。

下面介绍水下移动自组网中常用的路由协议，从路由选择所使用的不同策略角度可以将其分为两种，即主动路由协议与被动路由协议。

1. 主动路由协议

主动路由协议也称为表驱动协议，它会主动维护网络中的节点信息与更新的路由表项。为了保证网络中所有节点的网络拓扑信息一致，对于网络中的拓扑每次发生变化时，节点都在整个网络中广播一次更新报文。主动路由都有一个共同的特点，即无论是否有路由更新请求发起，都可以自主地交换路由更新报文。典型的主动路由协议有目的节点序列距离矢量路由(destination-sequenced distance-vector routing, DSDV)和最优化链路状态路由(optimized link state routing, OLSR)等。由于主动路由协议能及时更新网络拓扑信息，因此特别适用于传输实时性要求高的场景。

1) 目的节点序列距离矢量路由

在目的节点序列距离矢量路由协议中，每个节点在网络中维护一个路由表项，每个路由表中记录了可到达的目的节点以及到各个目的节点的跳数，并通过周期性传输路由表更新信息来维持网络拓扑。路由更新过程如下。

(1) 初始化路由表：如图 5-6 所示，路由表中的每项包含目的节点地址(即为图 5-6 中“目的地”)、下一跳节点地址(即为图 5-6 中“下一跳”)以及两者的代价距离(即为图 5-6 中“度量值”)。每个节点在初始路由表中记录初始状态时各个节点到达目的节点的路由信息。

(2) 路由表更新：如图 5-7 所示，当节点 B 广播新的路由信息给它的邻居后，节点 A 和 C 的路由表信息将进行更新。

2) 最优化链路状态路由

在最优化链路状态路由协议中，节点通过周期性地与自己的邻居节点交换分组信息来

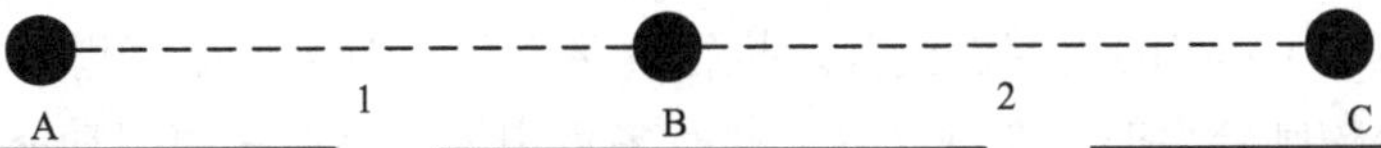

A

目的地	下一跳	度量值	…
A	A	0	
B	B	1	
C	B	3	

B

目的地	下一跳	度量值	…
A	A	1	
B	B	0	
C	C	2	

C

目的地	下一跳	度量值	…
A	B	3	
B	B	2	
C	C	0	

图 5-6　初始化路由表示意图

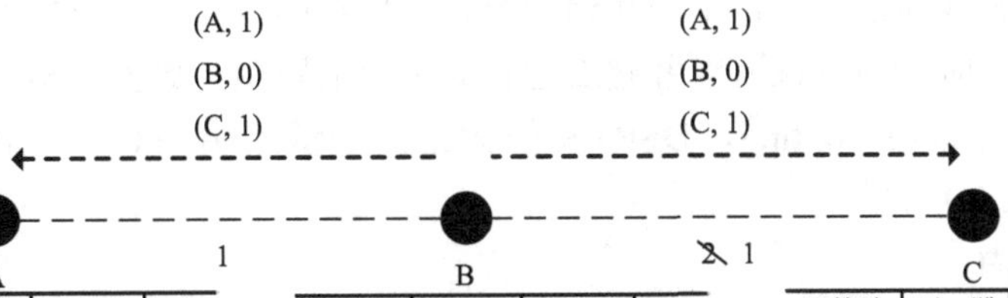

A

目的地	下一跳	度量值	…
A	A	0	
B	B	1	
C	B	~~3~~ 2	

B

目的地	下一跳	度量值	…
A	A	1	
B	B	0	
C	C	~~2~~ 1	

C

目的地	下一跳	度量值	…
A	B	~~3~~ 2	
B	B	2	
C	C	0	

图 5-7　路由表更新示意图

完成链路感知和邻居探测过程，进而建立起自己的拓扑结构，并通过接收拓扑控制分组获知全网的拓扑信息，以此为依据计算出一张从自身节点到达全网各个节点传输路径的路由表。该协议主要使用两种分组格式，一是 HELLO 分组，节点之间通过交换 HELLO 消息建立自己本地的连接库，用于链路感知、邻居侦听过程；二是拓扑控制分组，用于建立节点的拓扑信息库，然后据此计算节点到网络中每个目的节点的路由。路由发现与维护过程如图 5-8 所示，路由计算过程具体如下。

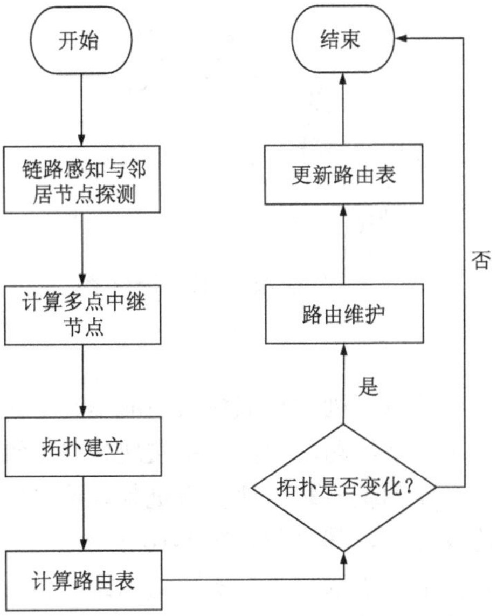

图 5-8　最优化链路状态路由协议的路由发现与维护过程

(1)通过 HELLO 分组的周期性交互，执行链路感知、邻居节点探测的功能。

(2)通过拓扑控制分组的周期性交互，执行多点中继节点信息声明功能。

(3)以这些分组所建立起来的拓扑结构为基础，进行基于多点中继节点的路由计算。

2. 被动路由协议

被动路由协议也称为按需驱动路由协议，当源节点没有通往目的节点的路由时，源节点就会发起路由查找的请求，路由查找请求会通过广播的方式到达目的节点，当目的节点收到路由请求报文时会回复该请求并建立通往源节点的路由。典型的被动路由协议有动态源路由(dynamic source routing，DSR)和按需距离矢量路由(ad-hoc on-demand distance vector routing，AODV)等。

1)动态源路由

动态源路由是一种为多跳无线自组织网络设计的简单且有效的路由协议。如图 5-9 所示，它由源节点决定分组转发的完整节点序列，并将此路由记录在分组头中。当源节点有分组要发送时，首先查询路由表，如果存在到目的节点的路由则直接使用，否则广播一个包含源节点地址、目的节点地址和唯一标识号的路由请求(RREQ)进行路由发现。中间节点若无路由信息则添加自己的地址并转发 RREQ。目的节点知道路由的中间节点接收 RREQ 后，会发送路由回复(RREP)，并根据情况翻转或添加路由记录。当目的节点到源节点的路由链路与源节点到目的节点的链路不同时，即非对称链路情况下，目的节点需有到源节点的路由信息，否则需要发现新路由。路由维护通过路由错误分组(RERR 分组)和路由回复分组(RREP 分组)实现，前者在数据链路层传输失败时产生，后者用于检查路由链路操作的正确性。

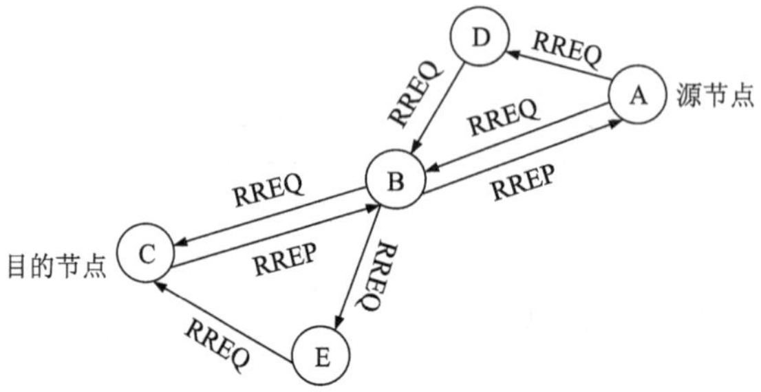

图 5-9　动态源路由过程示意图

2)按需距离矢量路由

按需距离矢量路由在目的节点序列距离矢量路由的基础上结合了动态源路由的按需路由思想并进行了改进，采用了动态源路由中的路由发现和路由维护机制，以及目的节点序列距离矢量路由的逐跳路由、序列编号和周期更新机制。按需距离矢量路由现已成为最经典和广泛研究的按需路由协议之一，其流程如图 5-10 所示。

在按需距离矢量路由协议中，当源节点发送数据包或者转发数据包到目的节点时，源节点检查路由表，如果有到达目的节点的路由，那么直接发送数据。如果没有到达目的节点的路由或路由表项已过期，那么源节点启动路由发现过程。在路由发现过程中，源节点广播 RREQ 分组，收到 RREQ 的下一跳节点将根据其中所携带的路由信息，建立到源节点的路由并在本地路由表中增加此路由条目，这条路由称为“反向路由”，广播 RREQ 的源节点是该反向路由条目中的目的节点。

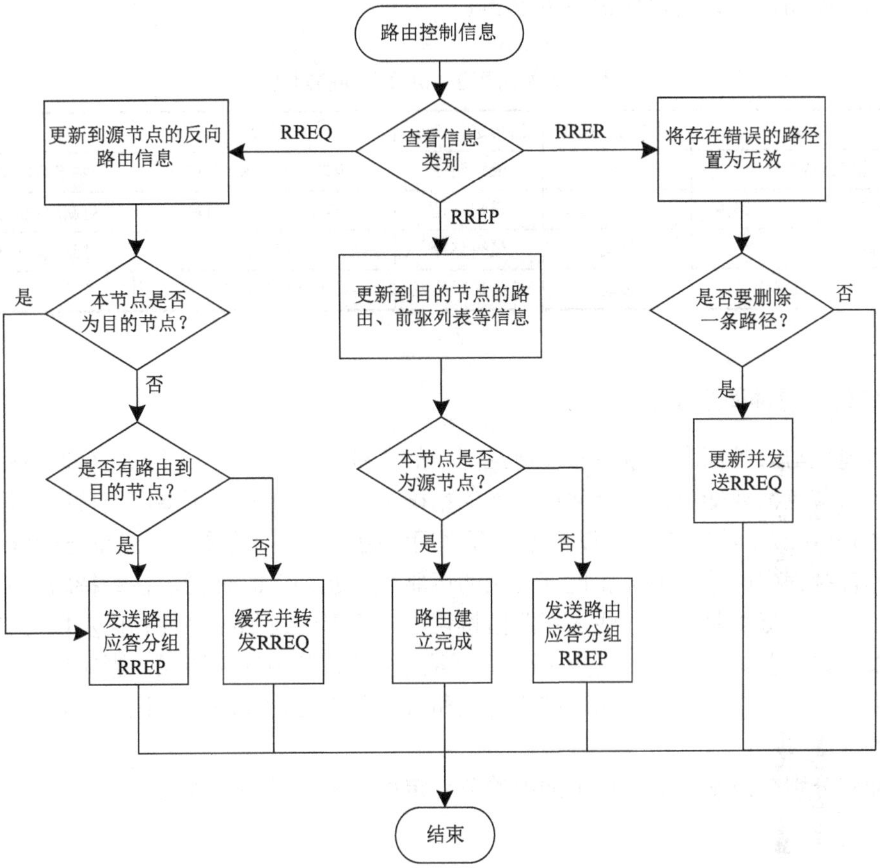

图 5-10 按需距离矢量路由流程图

经过 n 个中间节点中继后，当目的节点收到 RREQ 时，须向源节点以 RREP 分组形式进行回复。RREP 沿着已建立的反向路由逐跳返回源节点，传送过程中，每个收到 RREP 的中间节点都会在本地路由表中增加到目的节点的前向路由条目，包括目的节点地址、下一跳节点信息及目的节点的序列号。当源节点成功接收到 RREP 后，新路由即建立，此时，数据便可通过这条路由进行传送。

中间节点在传输过程中起到“接力”作用。但当中间节点检测到正在传输数据的路由下一跳链路断开，或者该节点没有到目的节点的有效路径时，该节点会生成路由错误(RERR)分组，并沿着反向路径逐跳传回源节点，通知其该路径已失效。源节点收到 RERR 后，将该失效路径标记为无效，并决定是否要删除路径并重新启动路由发现过程，以寻找新的可用路径。

在主动路由中，相比目的节点序列距离矢量路由，最优化链路状态路由引入了多点中继节点机制，使得发送控制信息的能耗大幅减少。最优化链路状态路由在链路断开后能够直接从断点维护路由表，无须将错误报文发送回源节点，从而避免数据丢失。其低时延特性适用于节点众多、数据量大的网络。同时，被动路由中的动态源路由和按需距离矢量路由在复杂性和开销方面优于其他协议，更适用于海洋中的小型机器人，因为这些设备的通信设备资源受限。关于动态源路由、按需距离矢量路由、目的节点序列距离矢量路由和最优化链路状态路由协议的对比请参见表 5-1。

表 5-1 不同路由协议之间的对比

路由协议	路由发现策略	路由选择策略	优点	缺点
最优化链路状态路由	主动	最短路径	减少控制开销和节点竞争	须共享两跳节点信息
目的节点序列距离矢量路由	主动	最短路径	自主更新路由信息	更新路由表能耗大
动态源路由	被动	最短路径	支持多路径	时延大、扩展性差
按需距离矢量路由	被动	最新最短路径	对拓扑变化适应性强	时延大、扩展性差

5.2.2 定位与时钟同步技术

节点定位与时钟同步是水下移动自组网中的关键环节。首先，节点定位对路由选择有直接影响，节点需要知道自己及邻近节点的精确位置，才能根据距离和连接质量估算最佳的数据传输路径。例如，节点可以根据相互之间的距离，选择距离较近且信号较强的路径，以减少通信过程中的能量消耗和提高传输的可靠性。此外，时钟同步在维持路由协议的效率中也扮演着关键角色。在一些水下路由协议中，确保信息的时序性和同步性对于信息的正确转发至关重要。如果时钟同步不准确，可能会导致路由决策错误，影响数据包的正确传递，从而降低网络性能。因此，节点定位和时钟同步是优化路由协议、提高网络性能和可靠性的关键技术。

下面将分别介绍水下移动自组网中的节点定位技术与时钟同步技术。

1. 节点定位

由于电磁信号在水下衰减严重，全球定位系统不能在水下环境中使用，加剧了水下节点定位的难度。现有的节点定位技术主要是利用位置已知的锚节点(也常称为信标节点)，通过网络中的连通关系和多种约束相互协作，对位置未知的节点(下面简称为未知节点)进行定位。根据是否需要使用节点间的距离信息，可将节点定位技术分为两类：距离相关的定位技术和距离无关的定位技术。

1)距离相关的定位技术

距离相关的定位技术通过测量锚节点和未知节点之间的距离，利用所采集的数据获取绝对距离信息，并构建函数计算相应的位置坐标信息。常用的数据包括接收信号强度指示(received signal strength indicator, RSSI)、信号到达角度(angle of arrival, AOA)、信号到达时间(time of arrival, TOA)、信号到达时间差(time difference of arrival, TDOA)等。下面介绍一些经典的测距方法。

基于接收信号强度指示的测距方法：水下节点通过无线通信的方式进行数据传输，受环境影响，发射节点的数据信号在无线信道中传输会有不同程度的损耗，这种损耗通常称为传播损耗。因此，接收节点收到的信号强度与发射时会有一定的误差，这种误差通过功率进行衡量，即根据发射和接收信号的功率差，并利用经验模型和相关理论转换为发射节点与接收节点间的距离。

水下移动自组网的通信在各个节点的通信模块上进行，在信号传输时可以获取接收信号强度指示值，不需要额外的硬件监测设备，成本较低。因此，在节点定位研究初期，相对于其他的算法，对基于接收信号强度指示的测距方法的研究颇多。但由于接收信号强度指示值受环境影响存在多径反射、障碍物隔离等问题，精度值易下降，通常需要通过一些算法或部署策略提高其定位精度。

基于信号到达角度的测距方法：信号到达角度的定义为入射波传播方向与参考方向之间的夹角。基于信号到达角度测距实现的定位是指在一个固定的方向上测量的信号到达角度，以顺时针方向从正北方向的角度表示。若所设定的方向是 0°或指向正北方向，则称信号到达角度是绝对的，否则称为相对的。天线阵列和有向天线是实现基于信号到达角度测距方法的关键硬件设备，它们通过探测和利用信号的入射角度来实现定位。其中，天线阵列是由多个天线单元组成的集合，这些天线单元通常以特定的几何排列配置。有向天线则是设计为优先接收来自特定方向的信号的天线。

虽然基于天线阵列和有向天线实现的测距在技术上具有明显的优势，但它们也存在一些限制，如较大的能源消耗和较高的维护成本等，这在移动自组网这种能源受限的环境中可能成为一个问题。此外，这些技术的复杂性也要求高级的信号处理和计算能力，增加了系统的整体复杂度和成本。因此，尽管它们在定位精度上表现出色，但在实际应用中需要仔细考虑这些因素。

基于信号到达时间的测距方法：该方法首先对信号传输的时间进行统计，然后根据信号传输速度计算距离。以声波信号到达时间为例，如图 5-11 所示，T_1 是发射端发射信号的时间，T_2 是接收端接收信号的时间，v 是声波信号传播的速度，基于信号到达时间测距方法的距离计算公式为 $d=(T_2-T_1)v$。

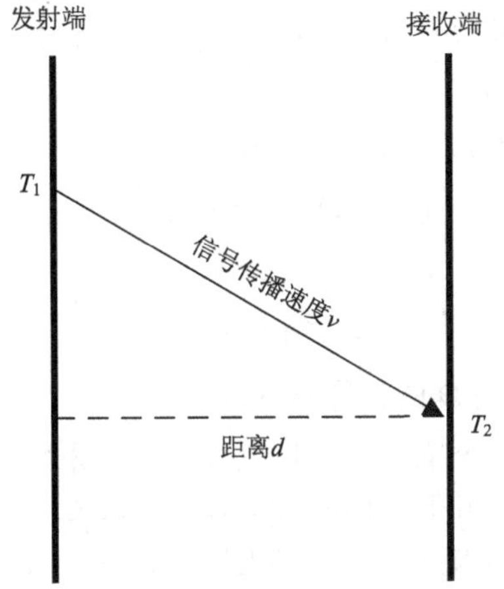

图 5-11　基于信号到达时间的测距方法原理图

基于信号到达时间差的测距方法：不同信号的传输速度有差异，即从同一发射端到达同一接收端的时间会有差值，基于信号到达时间差的测距方法利用时间差值，结合不同信号的传输速度对节点间的距离进行计算。如图 5-12 所示，假设使用的两种信号到达接收端的时间分别为 T_1 和 T_2，速度分别为 v_1 和 v_2，基于信号到达时间差测距方法的距离计算公式

为 $d=\dfrac{v_1-v_2}{v_1v_2}(T_2-T_1)$。

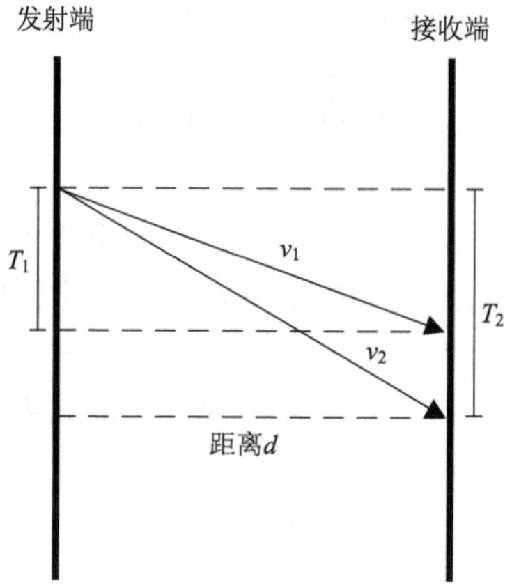

图 5-12　基于信号到达时间差的测距方法原理图

在非水下环境中，基于信号到达时间差测距方法中常用的信号为电磁波信号。但由于电磁波在水下衰减现象严重，不能用来进行信号传输，因此基于信号到达时间差的测距方法在水下使用受限。现有的替代方案为从两个不同的锚节点同时发送定位信息，采用这两条信息的到达时间差估算节点到两个锚节点之间的距离差。但这需要两个锚节点之间的时钟绝对同步，这在实际应用中同样存在挑战。

在通过上述方法将相应信息转换成距离数据后，需要采用一定的算法来求解未知节点的位置，常用的定位算法有以下几种。

三边定位法：是根据未知节点与三个锚节点间的距离进行定位的，计算原理如下。设 A、B、C 为锚节点，坐标分别用 (x_A,y_A)、(x_B,y_B)、(x_C,y_C) 表示，它们与未知节点 $D(x,y)$ 之间的距离分别为 d_1、d_2、d_3。

理想情况下，根据几何关系可得如下公式：

$$\begin{cases}(x-x_A)^2+(y-y_A)^2=d_1^{\,2}\\(x-x_B)^2+(y-y_B)^2=d_2^{\,2}\\(x-x_C)^2+(y-y_C)^2=d_3^{\,2}\end{cases}\tag{5-1}$$

求解式(5-1)可得未知节点 D 的位置 (x,y)。

三角定位法：通过已知三个锚节点坐标以及它们与未知节点的夹角，利用三角几何关系进行未知节点坐标的求解。如图 5-13 所示，设 A、B、C 为锚节点，坐标分别用 (x_A,y_A)、(x_B,y_B)、(x_C,y_C) 表示，D 为未知节点，设坐标为 (x,y)，$\alpha-2\pi\angle ADC$。由节点 A、C 和 $\angle ADC$ 可以得到以 $O=(x_O,y_O)$ 为圆心、r 为半径的圆。同理，可以分别求出由 A、B、D 和 B、D、C 确定的圆心坐标和半径，然后求出 3 个圆心到节点 D 的距离，通过三角定位法对未知节点位置进行求解。

极大似然估计定位法：在理想情况下可通过三角定位法求解未知节点位置，但实际环境中往往存在噪声等因素的干扰，导致获取的相关距离与实际距离有偏差，即锚节点与未知节点间以距离为半径的圆不会相交于一个点，进而无法求得未知节点精确的理论解。因此，需要通过极大似然估计定位法求次优解。

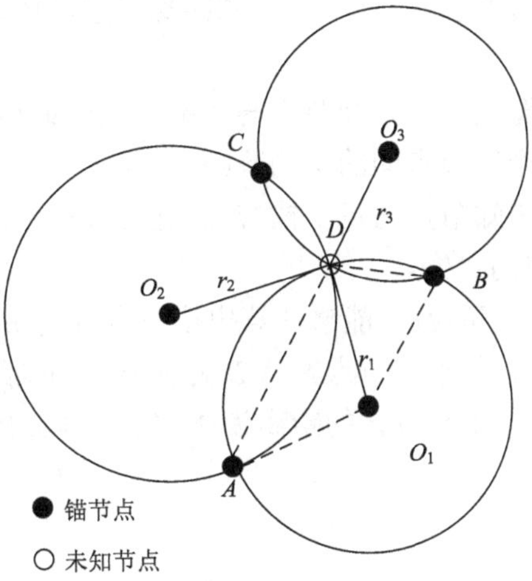

图 5-13　三角定位法

2) 距离无关的定位技术

距离相关的定位技术可以提供更精确的节点位置信息，但对时钟同步和信号质量要求较高，在多路径效应过于严重或水下信号衰减较大的情况下，测量误差也可能较大。距离无关的定位技术则不依赖于精确的距离测量，因此对环境的适应性较强。

距离无关的定位技术主要基于网络连通度或密度等获取相对距离信息。例如，通过统计节点间的跳数，根据锚节点间的距离估计平均跳数距离，即跳距，进而计算未知节点的位置。这类算法实现简单，不需要高度精确的时钟同步，降低了技术实施的复杂度，但由于位置估计受网络密度和布局的影响，也可能不如距离相关的定位技术精准，因而更适用于对精度要求不高的粗定位。现有代表性的距离无关定位技术包括以下三种。

质心算法(centroid algorithm)：该算法是最基本的距离无关自定位算法。锚节点定期向全网广播包含自身 ID 和位置信息的定位请求信号，未知节点接收信号后，计算锚节点组成的多边形的质心作为其坐标，如图 5-14 所示。质心算法计算简单，适用于网络的粗定位，但精度低，需要较高的锚节点比例。

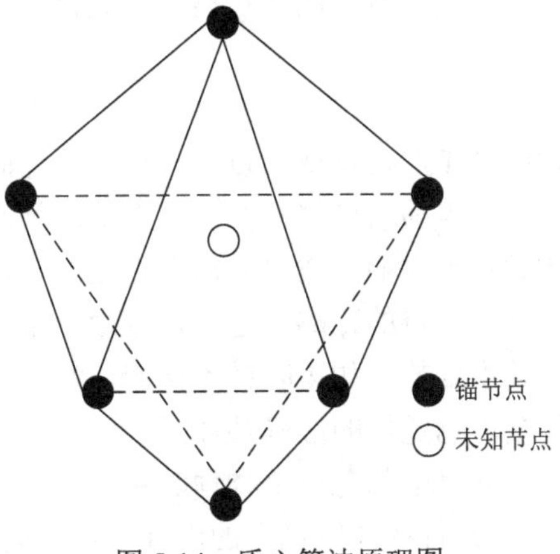

图 5-14　质心算法原理图

距离向量-跳数(distance vector-hop, DV-Hop)算法：该算法不直接计算节点间的距离，而是根据网络节点跳数及平均跳距估计节点间的距离，进而计算未知节点坐标。算法具体分为以下三步。

(1)通过节点间的广播分组计算未知节点与锚节点间的最小跳数。

(2)计算未知节点与每个锚节点间的平均跳距。

(3)由(1)和(2)计算出未知节点与每个锚节点间的距离后，采用三边定位法或者极大似然估计定位法进行未知节点的定位。

如图 5-15 所示，经过(1)和(2)，能够计算出锚节点 A 与 B 和 C 之间的跳距，即 B 的平均跳距为(4+6)/(2+3)= 2。若未知节点 S 从 B 处获取平均跳距，则它与三个锚节点之间的距离为：跳数×平均跳距，即 S 与 A 的距离为 3×2，S 与 B 的距离为 2×2，S 与 C 的距离为 2×2。

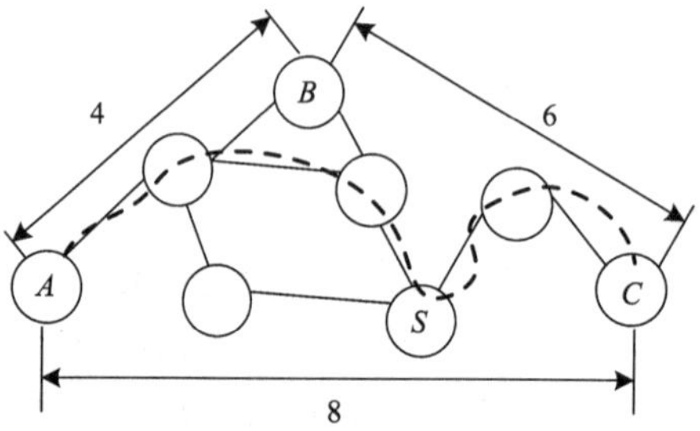

图 5-15　距离向量-跳数算法示意图

距离向量-跳数定位算法通过网络连通情况对未知节点进行定位，该算法实现简单，易于扩展，但对于节点分布不均匀的网络情况，定位误差较大。

近似三角形内点测试(approximate point-in-triangulation test，APIT)算法：该算法首先通过未知节点与邻居锚节点的通信和邻居锚节点间的信息交换，记录周围节点的信息(如坐标、坐标 ID、信号强度等)，然后判断未知节点是否在不同邻居锚节点组成的三角形内部，接着对未知节点所在三角形进行交叠区域的计算，最后对交叠区域多边形的质心进行求解，并将该质心坐标作为未知节点的估计位置。该定位算法不需要考虑节点的通信环境及网络的布置情况，定位精度较高，但是对网络的连通度要求较高。

2. 时钟同步

在节点定位过程中，时钟同步非常重要。以基于信号到达时间的测距方法为例，未知节点首先广播其定位需求，锚节点随后广播一个含有发送时间和位置信息的定位消息。接收此消息的未知节点通过比对消息中的发送时间戳和自己的本地时钟，能够计算出消息的传播延迟，从而估算出自身到锚节点的距离。这一过程中，未知节点与锚节点之间，以及各锚节点间的时钟同步是至关重要的。如果时钟不同步，时间的任何微小误差都会放大成为定位的显著误差，这将直接影响定位的准确性和组网的可靠性。

时钟同步原理：在每个计算机中都有一个物理时钟，该时钟一般通过统计时钟中晶体振荡的次数来感知时间的变化。运行在计算机上的软件通过访问物理时钟来获取时间信息。

但由于晶体振荡的频率会随着温度、压力、湿度等因素发生变化，同时由于制造工艺的原因，两个晶体的振荡频率也不尽相同，因此，两个物理时钟之间会发生时钟读数不一致现象。为了解决这一现象，人们设计了多种时钟同步协议，通过计算时钟之间的时钟偏差及偏移率，不断调整，使时钟间的偏差在一定范围内。

时钟偏差：一个物理时钟相对于另一个物理时钟(一般用标准时钟)的时间差称为时钟偏差。

时钟偏移率：本地时钟的晶振频率与另外一个时钟的晶振频率(一般用标准时钟的晶振频率)之间的偏差称为时钟偏移率。

水下节点的时间变化和标准时间存在如下函数关系：

$$T_i(t) = a_i t + b_i \tag{5-2}$$

其中，i 为节点编码；t 为标准时间；a_i 为时钟偏移率；b_i 为时钟偏差。$T_B(t) = t$。

图 5-16 显示了节点的时钟变化趋势与时钟偏差和时钟偏移率的关系。在水下移动自组网中，节点之间的时钟同步一般是通过多轮通信来计算时钟之间的偏差和偏移率的，进而修正本地时钟，使其与标准时钟达到同步状态。在这一过程中，对传播时延的估计严重影响时钟同步的精度，此外，节点可能会发生相对运动。因此，在设计时钟同步协议时须额外考虑传播延迟及节点运动所带来的不确定性。以下协议为目前典型的水下时钟同步协议。

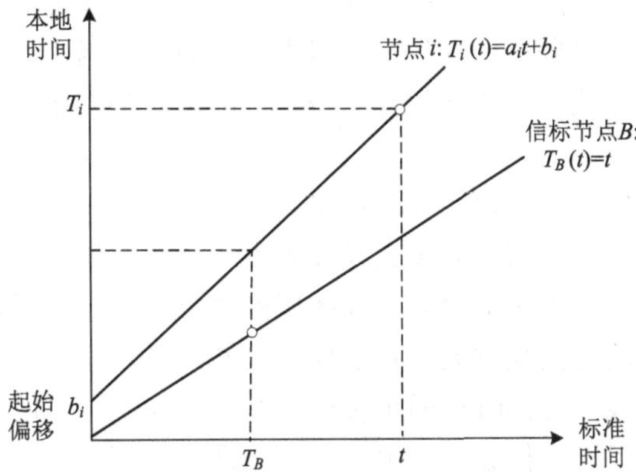

图 5-16　时钟偏移示意图

1) 长延迟时钟同步法

长延迟时钟同步(time synchronization for high latency, TSHL)法是首个专为高延迟水声网络设计的时钟同步方案，解决了长传播延迟的问题。如图 5-17 所示，TSHL 将时钟同步过程分为两个阶段：第一阶段中，信标节点 A 向未知节点 B 发送一组带有时间戳信标的数据包，使得未知节点 B 能够根据收到信标包的时间戳和本地时间戳构成一个元组，并采用线性回归计算本地频率偏移；在第二阶段，采用发送-接收的交互方式，估计本地的相位偏移。由于 TSHL 假设水下节点是静态的，因此时钟同步效果会受到节点移动的影响，特别是当节点移动较快时很难达到理想的效果。

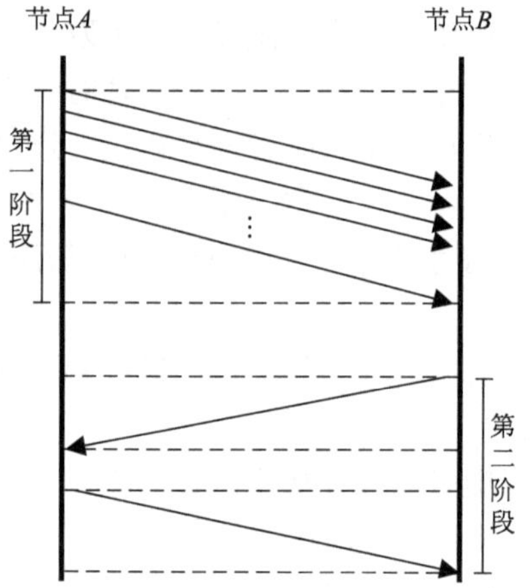

图 5-17　长延迟时钟同步法原理图

2) 基于聚类的同步法

基于聚类的同步法考虑了水下节点的随机移动性对时钟同步的影响，将整个网络划分为多个簇，并基于一定的选举原则选出各簇的簇头，由簇头负责簇内的节点同步。簇头和簇内节点的同步消息交换由簇头发起，并采用发送-接收方式进行。具体地，首先通过消息交换获得大量的时钟信息，再通过在该信息上进行两次线性回归来估算时钟偏差和时钟偏移率。由于使用了大量的双向消息交换，基于聚类的同步法在消息传输中消耗了大量的能量。并且基于聚类的同步法假设单向传播延迟为一次消息往返时间的一半，然而由于水下节点的运动，这种估算方式会迅速产生计算偏差，影响时钟同步精度。

3) 分布式同步法

分布式同步法考虑使用移动自主水下机器人作为信标节点，实现了一种节能的分布式时钟同步算法。分布式同步法假设同步交互过程中节点相对移动速度恒定，并采取两阶段的同步过程：阶段 1 中，由信标节点向广播区域内的未知节点广播多个时间信标包，未知节点使用连续信标包之间的接收时刻差和信标包内的绝对时间差进行线性拟合；阶段 2 中，未知节点发起类似于无线传感器时钟同步协议的发送-接收交互过程，利用已估计的频率偏移和相对移动速度比值求取相位偏差。由于整个过程只在第 2 阶段发送 1 次同步请求包，因此对于普通节点来说，分布式同步法具有节能特性。但是，节点恒速运动的假设限制了分布式同步法在实际使用中的性能。

5.3　海洋机器人组网安全

在海洋机器人组网中，不仅需要考虑组网自身所面临的技术挑战，还要防范潜在的外部攻击与威胁。除第 4 章描述的传统通信安全问题外，还须应对组网特性引起的攻击面增加。此外，水下移动自组网涉及多种类型的关键技术，每种技术在发展过程中也可能面临不同的安全挑战。因此，本节将首先探讨海洋机器人组网所面临的各类安全威胁，然后介绍相应的安全防御措施，确保机器人网络在执行复杂任务时的安全性。

5.3.1 安全威胁

根据攻击者是否主动干预组网中的数据传输及操作，海洋机器人组网的安全威胁可分为被动攻击和主动攻击两大类。其中，被动攻击与常规通信安全威胁中的窃听攻击类似，但是主动攻击类型因移动自组网的特殊性而有所不同。特别是主动攻击中的外部攻击类型(如虫洞攻击等)，不仅威胁到组网过程中数据的安全性和隐私性，还可能导致整个网络的瘫痪，进而影响海洋机器人的任务执行效率。

1. 被动攻击

被动攻击是指通过无线信道侦听获取攻击者信息的攻击方法，侦听的信息可分为“通信内容”和“通信路由”两类。

当前，对抗被动攻击的主要手段是加密，仅对通信内容加密可以采用端到端的加密方法；若同时还需要对路由信息加密，则要采用点到点的加密方法。端到端的加密方法是发送方仅加密通信内容(路由信息公开)，接收方接收后用密钥解密出明文。点到点的加密方法是发送方首先加密通信内容，然后使用路由中第一个节点的公钥或是两者间的共享密钥加密路由信息，发送给路由中的第一个节点。路由中的第一个节点收到后，首先解密路由信息并找到路由中的下一个节点，然后用类似的方法再次加密路由信息并发送。以此类推，直到信息到达接收方并解密出明文为止。

由于电池容量的限制，在水下传感网中一般不能使用计算庞大的非对称加密方法，即使在移动自组网中使用非对称加密，也要非常谨慎地考虑电池容量问题。

2. 主动攻击

单纯的被动攻击只能获取信息，不能造成攻击者网络的瘫痪。主动攻击是指通过使用特定手段，篡改攻击者传输的敏感信息或使得攻击者网络陷入瘫痪的攻击方法。主动攻击又可根据攻击者是否已经获得了网络的合法身份而分为外部攻击和内部攻击两类。外部攻击是指实施攻击的节点不被网络中的其他节点看作网络的合法成员，内部攻击则是指攻击节点已经在网络中取得了合法身份。由于外部攻击和内部攻击都能有效地破坏系统的安全性，因此很难评价到底哪种攻击危害更大。但与外部攻击相比，内部攻击更具有隐蔽性(难以发现攻击节点)和潜伏性(只在特定时刻发起攻击)等特点。

1)外部攻击

外部攻击是指攻击者在未获得网络中合法身份的情况下，通过特定手段对网络进行的有意干预和破坏。这种攻击类型不需要攻击者成为网络的内部成员，只需通过技术手段对网络进行外部操控即可实施攻击，从而影响网络的正常运行和数据的安全。外部攻击类型主要包括虫洞(wormhole)攻击和 HELLO 泛洪(flood)攻击等。

(1)虫洞攻击。

虫洞攻击是指攻击者在水下无线网络中通过欺骗性方式，使得两个本不直接相连的节点误认为可以直接通信。这种攻击通常通过伪造短路径，使受影响的节点错误地选择该路径进行数据转发。通常，攻击者会使用两个具有高性能通信能力的节点(或设备)，根据特定的攻击需求分布在网络中的不同位置。

图 5-18 的虚线部分表示虫洞，它的存在使得原本不能直接通信的节点 A 和 C 之间的路由变得简单，使得 A 和 C 认为对方在自己的无线信号覆盖区域之内，而不再需要依赖于网络中其他节点的多跳转发。此虫洞的存在也使得 B 与 C 之间的通信路由得到简化，因为仅借助 A 的转发，B 就能实现与 C 的直接通信；而在虫洞不存在的时候，B 与 C 之间的通信无法在两跳之内完成。由此可见，虫洞不仅控制了 A 和 C 之间的通信，也控制了 A 周围节点与 C 周围节点间的互相通信。通过所构建的虫洞，攻击者至少能发起三种不同方式的攻击行为，包括窃听攻击、汇聚(sinkhole)攻击和选择性转发(selective forwarding)攻击等。

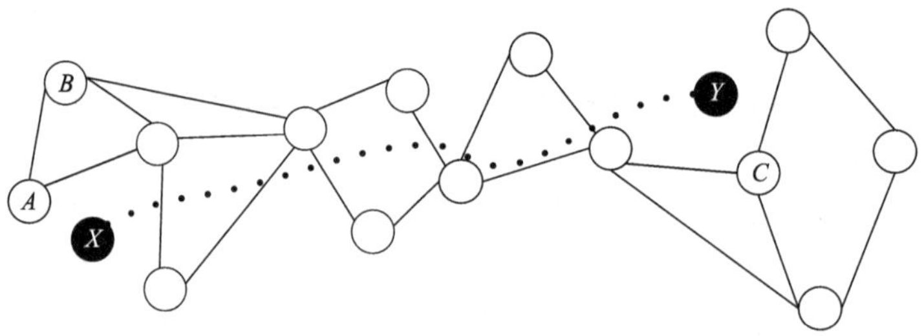

图 5-18　虫洞攻击示意图

在虫洞建立后触发的窃听攻击是指虫洞在转发信息的同时窃取信息的内容。与常规的窃听攻击类似，有效的防护措施同为加密技术，具体可参见前面在被动攻击中阐述的方法。

汇聚攻击是指在虫洞建立后的某一时刻，虫洞将流经它的信息全部吞噬，这样在新的通信路由建立之前，依赖虫洞通信的节点间联系将全部切断。可通过身份认证技术来防范汇聚攻击，关于身份认证技术的相关内容请参见第 4 章通信安全。

选择性转发攻击是指有选择地吞噬流经虫洞的信息。例如，吞噬网络中的重要信息而放过无关紧要的信息；或是有选择地切断特定节点间的联系，从而降低网络的数据投递率，破坏数据完整性。如果虫洞中的一个或两个端点选择性地吞噬掉所有重要的信息，则该攻击行为为黑洞攻击。相比汇聚攻击吞噬掉所有信息，选择性转发攻击更难发现。此外，水下无线信道导致的高丢包率问题在一定程度上掩盖了选择性转发攻击，加大了对其的检测难度。此类攻击可通过安全路由协议的设计进行防范，相关内容请参见 5.3.2 节。

(2) HELLO 泛洪攻击。

HELLO 泛洪攻击是通过增大发射功率重播合法的 HELLO 消息，从而吸引一些节点将其通信范围外的合法节点当作自己路由的下一跳，进而增加这些节点丢包率和能耗的攻击方法。HELLO 泛洪攻击会对依赖邻居节点间交互信息以实现拓扑维护的协议产生影响。目前尚无单独应对 HELLO 泛洪攻击的有效方法，但从网络外部可观察到，某一时刻网络中所有在攻击者覆盖范围内的节点，都在向攻击节点发送 HELLO 相应信号，所以 HELLO 泛洪攻击也可看成一种单向的虫洞攻击。因此，能有效对抗虫洞攻击的方法一般都可用于对抗 HELLO 泛洪攻击。相关安全防护措施将在 5.3.2 节详细介绍。

2) 内部攻击

在内部攻击中，攻击者一般有两种手段可在海洋机器人组网中取得合法身份：一是俘获网络中的合法节点；二是欺骗网络的认证机制。攻击者节点一旦在网络中取得合法身份，通信数据就可能流经该节点，这为攻击者破坏信息的完整性和可用性提供了机会。前面提到的一些攻击手段同样可以在内部攻击中实施，但是由此产生的危害不仅比外部攻击时大，防范也更加困难。内部攻击类型主要包括女巫(sybil)攻击和去同步攻击等。

(1)女巫攻击。

在海洋机器人网络中，由于拓扑的不确定性，很容易遭受由非法节点伪装成合法节点而发起的女巫攻击。女巫攻击是指恶意节点创建多个虚假身份，伪装成多个合法节点，以欺骗网络的路由选择和身份认证机制。如图 5-19 所示，发送方节点 A 与接收方节点 B 之间的距离超出了直接通信的最大范围，因此，要实现彼此之间的数据传输，必须依赖第三方节点来中转信息。在这种情况下，恶意节点 M 伪造了多个身份，并假装成合法的数据转发节点，通过这种方式拦截并窃取在 A 与 B 之间传输的信息。

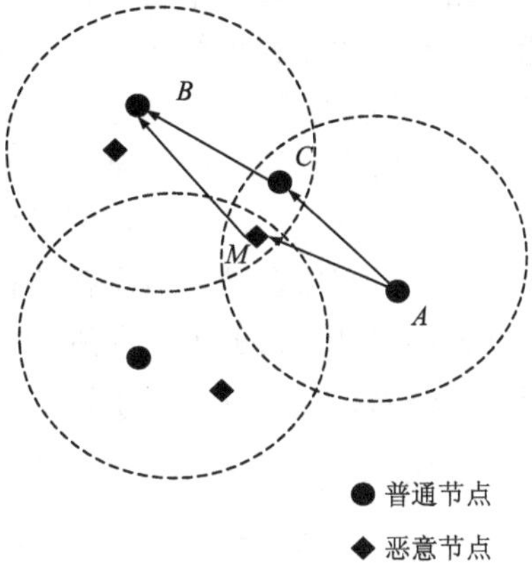

图 5-19　女巫攻击示意图

(2)去同步攻击。

去同步攻击是指攻击者将伪造的序号或控制标志的数据包(如时间戳信标等)发送给网络的一端或者两端，带有伪造信息的数据包将影响节点间的关键信息确认。由于水下节点无法使用全球定位系统，时钟同步技术是水下组网中定位技术的重点及难点，而去同步攻击对时钟同步的准确性有巨大影响。将去同步攻击与对节点测距和传输往返时间有影响的虫洞攻击或女巫攻击相结合，会加剧对整个组网通信与协作的破坏。针对这一问题，可通过安全定位与同步技术对去同步攻击进行防范。

5.3.2 防护措施

随着海洋作业与攻防对抗的日益复杂，组网过程中面临的安全威胁也愈发多样，除了第 4 章中介绍的物理攻击、数据传输攻击等威胁外，网络中还存在着上述的虫洞攻击、女巫攻击等风险。为了有效应对这些风险，除了基础的加密、认证等安全手段以外，安全路由技术以及安全定位和同步技术通过构建特定的安全机制保障了路由路径的可靠性、同步时间的准确性以及定位信息的真实性，从而构建起一个更加稳固的自组网网络。

然而，值得注意的是，当前水下移动自组网在安全路由、安全定位和同步技术方面的研究尚处于初级阶段，相关协议和标准尚未完善。因此，本节介绍的海洋机器人组网安全主要参考目前较为成熟的水下传感器网络中的相关技术。

1. 安全路由协议

安全路由协议是一种在传感网络中至关重要的协议，旨在通过加密、随机路由策略、密钥管理等方法，保护数据传输过程中的安全性、机密性和完整性，同时维护节点位置信息的隐私。其目的在于确保数据包在复杂的网络环境中不被恶意拦截、篡改或泄露，防止节点位置被轻易获取，从而整体提升网络的抗攻击能力和可靠性。

如图 5-20 所示，在安全路由协议中，为了确保参与通信的所有节点都是可信的，认证通常是第一步安全措施。在认证之后，寻找从源节点到目的节点的有效路径，即路由发现。在路由发现的过程中，网络中的节点通过相互合作，共享准确的状态信息及其他关键数据，来共同构建出高效、可靠的路由路径。这一过程不仅确保了网络的连通性，还优化了网络资源的利用效率，使得数据能够沿着最优路径进行传输。在路由发现之后，节点依赖于先前的路由发现结果，根据某些标准(如最短路径、最低延迟或最高安全性等)来选择最佳路径。在路径选择之后，节点需要验证所选择路径的安全性，确保路径上的所有节点均已认证和路径没有被篡改。此外，在路由建立之后，安全数据转发则需要利用加密算法来保护数据在传输过程中的完整性和安全性。它旨在防止数据在路径上的任何节点被恶意篡改、拦截或丢弃，确保数据能够准确无误地到达目的地。在进行安全路由协议的分类时，主要依据路由协议所采用的核心安全策略来进行划分。基于这一原则，安全路由协议可以分为以下 5 类。

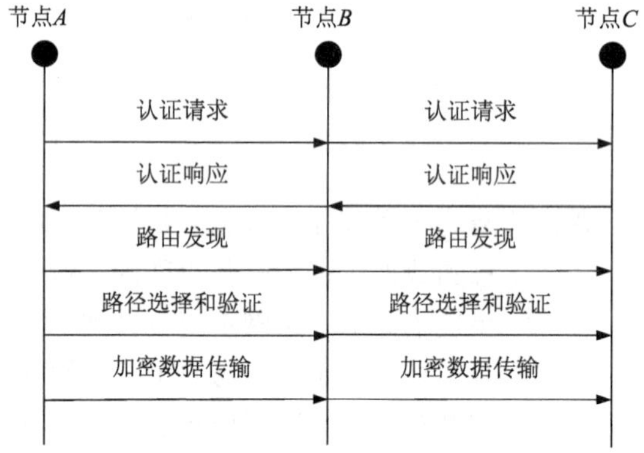

图 5-20 安全路由协议框架图

1)基于反馈信息的安全路由协议

此类协议通过收集和分析网络中的反馈信息，如传播时延、节点信任度、节点剩余能量等信息，来动态选择安全且低能耗的路由路径。这种策略有助于避免使用潜在的高风险或低效节点，从而提升数据传输的安全性和延长网络整体的寿命。例如，某些协议在遇到路由空洞时，会利用反馈信息机制向上游节点发送空洞警示包，促使它们寻找替代的可靠路由，从而有效规避黑洞攻击并降低数据丢失的风险。此类方法相较于传统的空洞处理技术，通常具有更低的复杂度和更小的开销与延迟。基于反馈信息的安全路由协议包括以下 3 个步骤。

收集反馈信息：在基于反馈信息的安全路由协议中，反馈信息是路由决策的基础。反馈信息通常包括传播时延、节点信任度、剩余能量、链路质量等信息。其中，传播时延是指数据包从源节点到目的节点所需的时间，反映了网络的拥塞程度和链路的物理特性。节点信任度是指通过监控邻居节点的行为(包括数据包的成功转发率和一致性等)，基于节点历史行为、认证信息和其他节点的反馈来计算其信任度。信任度高的节点认为是可靠的，这对于确保数据的安全传输至关重要。剩余能量是指节点定期报告其当前的能量水平。选择能量较高的节点可以延长网络的整体寿命，防止某些节点因能量耗尽而导致通信中断。链路质量包括信号强度、误码率等，反映了链路传输数据的稳定性和可靠性。这些反馈信息可以通过多种方式进行收集，如节点间的直接通信、定期广播的探测包等，或者通过网络管理系统集中收集。

选择最佳路径：基于收集到的反馈信息，路由协议会执行一系列决策过程来确定最佳路由路径。该路径选择方法的主要思想是利用机会路由策略(选择多条路径来同时或顺序地传输数据)，通过创建一个虚拟管道来识别并优先选择能量充足且距离目的地近的节点作为转发节点，以确保高数据传递率和能量效率。如图5-21所示，首先，源节点创建到目的地的虚拟管道，检查管道内的节点并计算其最高能量值，选择能量高于阈值且距离目的地最近的节点作为最佳转发节点。如果当前节点无法转发，则依次选择列表中的下一个节点，直到数据成功到达目的地。

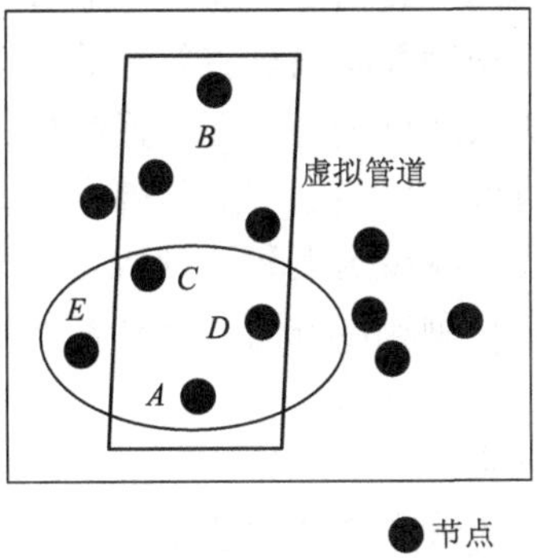

图5-21 最佳路径选择方法示意图

检测与避免路由空洞：当节点在传输过程中遇到路由空洞，即无法找到下一跳节点以继续传输数据时，会向上游节点反馈一个空洞警示包。这个警示包包含了空洞的位置和相关信息，使得上游节点能够及时调整路由策略，寻找其他可靠的路径来避免空洞。收到空洞警示包的节点会根据其邻居节点的状态和反馈信息，重新计算并选择一条新的路由路径，以确保数据能够继续传输而不中断。

2)基于地理位置的安全路由协议

在水下环境中，由于水流和节点移动性的影响，网络拓扑经常发生变化，但地理位置信息相对稳定，这为路由决策提供了可靠的依据。通过计算节点间的距离和方向，基于地理位置的安全路由协议能够选择出最优的传输路径，减少传输延迟和能量消耗。并且，地理位置信息对于检测和防御网络层攻击至关重要。网络层攻击中的女巫攻击和虫洞攻击通常会利用不合理的位置信息进行攻击，地理位置信息在检测这类攻击中起到关键作用。例如，某些协议利用对水声信号到达方向的估计来判断两个合法邻居之间的相对位置，进而发现并抵御虫洞攻击。基于地理位置的安全路由协议通过验证节点的位置信息来识别并排除潜在的恶意节点并选择路由路径，确保数据在网络中安全传输。此外，这类安全路由协议还可能融入认证机制，以确保节点在发现邻居时的安全性，从而进一步提升网络的故障检测能力、优化能量消耗并减少不必要的开销。基于地理位置的安全路由协议包括收集和使用地理位置信息、选择路由和检测攻击两个步骤。

收集和使用地理位置信息：在此类路由协议中，节点需要知道自身的地理位置信息以及邻居节点的位置信息。这些信息可以使用 GPS 设备获取精确的地理位置，也可以通过水声信号的到达时间差和信号强度来估计相对位置。此外，节点之间会交换位置信息，并通过这些信息来判断数据包的传输路径是否合理。如果某个节点的位置信息不合理或突然改变，则可能是恶意节点，基于地理位置的安全路由协议会采取措施绕过这些节点。

选择路由和检测攻击：节点周期性地广播自己的位置信息，并接收邻居节点的位置信息，建立邻居表。当节点需要发送数据时，它会选择到目的地距离最近且信任度高的邻居节点作为下一跳节点，选择标准包括邻居节点的位置、信任度和能量水平等。通过比较相邻节点的地理位置，协议可以检测到是否存在异常距离的连接，这种异常情况可能是由虫洞攻击引起的。一旦检测到虫洞攻击，协议会重新选择路径，绕过可疑节点。此外，女巫攻击中的节点通常也具有不合理的位置信息。通过验证节点的地理位置信息和信任度，基于地理位置的安全路由协议可以识别并隔离这些恶意节点。

基于地理位置的安全路由协议通过利用地理位置信息进行路由选择和攻击检测，提高了网络的安全性和可靠性。该协议不仅能够有效防御虫洞攻击和女巫攻击，还能通过动态路由选择机制优化数据传输路径，减少延迟和能量消耗。相比于传统的路由协议，基于地理位置的安全路由协议在检测和防御攻击方面具有显著优势，特别适用于复杂和动态的海洋环境。

3) 基于密码算法的安全路由协议

加密和认证机制是保护数据传输安全性的基石。基于密码算法的安全路由协议通过集成强加密算法和认证机制，对数据包进行加密和验证，确保数据在传输过程中不被未授权的节点访问或篡改。这种安全路由协议特别适用于对数据安全要求极高的应用场景，如军事通信等。通过将轻量级的加密算法集成到路由协议中，可以在不显著增加计算负担的前提下，提升数据传输的保密性和完整性。同时，认证机制也有效阻止了恶意节点的渗透，增强了网络的整体安全性。

加密算法通过对传输的数据进行编码和加密，使得未经授权的第三方即使截获了数据也无法轻易解读其内容，从而保护了数据的机密性。在资源受限的水下传感网中，通常会选择计算效率较高的对称加密算法，如高级加密标准(advanced encryption standard, AES)等，来加密大量需要传输的数据。AES 以其强大的加密能力、高效的性能和广泛的应用，成为众多安全路由协议的首选。

然而，仅仅依靠加密还不足以完全保障数据传输的安全性。为了验证节点和信息的完整性和真实性，认证机制同样不可或缺。在基于密码算法的安全路由协议中，通常会采用消息认证码或数字签名等认证技术。消息认证码通过计算消息的哈希值并使用密钥进行加密，生成一个短小的、固定长度的值，附加在消息上一起传输。接收方通过重新计算这个值并与接收到的值进行比较，来验证消息的完整性和真实性。数字签名则利用公钥加密技术，由发送方使用私钥对消息进行签名，接收方使用公钥进行验证，进一步增强了认证的安全性和可靠性。

此外，为了克服水下传感网中的特殊挑战，如延迟高、带宽低和能量受限等，该安全路由协议还需要在加密和认证机制上进行优化。例如，可以采用混合加密的方式，结合对称加密和非对称加密各自的优点，先使用非对称加密安全地交换对称加密的密钥，然后使用对称加密对大量数据进行加密和解密，以提高加密效率并减少能量消耗。同时，还可以利用网络中的冗余路径和机会路由策略，通过多路径传输和节点间的协作，提高数据传输的可靠性和容错性。

4) 基于多路径传输的安全路由协议

多路径路由是一种通过多条独立路径进行数据传输的技术，旨在提高数据消息的成功投递率，同时能够对路径上的恶意节点进行判别。如图 5-22 所示，网络中存在 *A*、*B*、*C*、*D*、*E*、*F*、*G* 7 个节点，其中 *C* 和 *E* 为恶意节点，其余节点均是正常节点。源节点 *A* 把信息传递到目的节点 *G* 的传输路径共有九条。由于 *C* 和 *E* 为恶意节点，因此经过这两个节点的路径均是不安全的。最终，安全的传输路径共有 3 条：*ABDG*、*ADG*、*ADFG*。

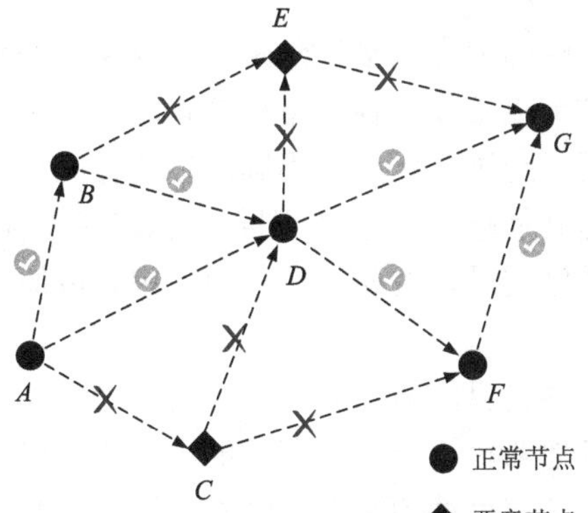

图 5-22 多路径传输示意图

基于多路径传输的安全路由协议的核心思想在于利用网络的冗余性，允许数据消息通过多条不同的路径从源节点传输到目的节点，以此来分散数据传输的风险，即便某条路径遭遇故障或攻击，其他路径仍能确保数据的顺利送达。目的节点接收到数据后，通过对多条路径传输的数据进行对比分析，实现对常见的主动路由攻击(如黑洞攻击和数据篡改等)的检测和隔离。这样，不仅可以提高网络的可靠性和安全性，还能够优化节点存活数、减少传输损耗、提高吞吐量、降低能耗率和减少时延。具体实现步骤包括以下 5 个步骤。

网络初始化与节点配置：首先，将海洋机器人部署在预定的水下区域，这些机器人将负责数据的采集、处理和传输。每个机器人在启动后需要进行初始化设置，包括配置其唯一标识符、通信参数(如频率、功率等)以及必要的加密算法和密钥。随后，机器人通过广播消息来发现其邻居，并构建邻居表，该表记录了邻居节点的标识符、距离、剩余能量等信息。

多路径构建与选择：在数据传输之前，源节点需要选择多条独立的路径进行数据传输。首先，源节点启动路径发现过程，通过广播路径请求消息来寻找到达目的节点的多条路径。中间节点在收到广播路径请求后，如果尚未处理过该消息，则继续广播；否则，丢弃重复消息。基于邻居节点的反馈信息，并考虑路径长度、剩余能量、跳数等信息，源节点评估各条可能路径的质量。然后，根据路径选择算法来选择多条候选路径，优先选择低延迟、高信任度和高剩余能量的路径，确保路径之间的节点重叠最小，降低路径失效和被攻击的风险，以确保数据传输的可靠性。这些路径将作为后续数据传输的备选方案并通过不同的中继节点进行数据传输。最后，目的节点在收到多个广播路径请求后，通过路由回复消息将选定的路径信息返回给源节点。源节点根据路由回复中的信息构建多条传输路径。

数据分片和传输：源节点将数据包分割成若干子包，并通过不同的路径进行传输。首先，源节点将待传输的数据包分割成多个子数据包，每个子包包含唯一的序列号，以便目的节点在接收到子包后能够正确重组数据包。然后，数据包沿着多条路径同时传输，每个中继节点负责将接收到的数据包转发到下一跳节点。在数据传输过程中，每个节点都负责监测其到下一跳节点的链路状态。如果发现链路中断或异常，节点将尝试切换到备用路径或重新发起路径发现过程。这样，即使某条路径上的数据被攻击或篡改，其他路径上的数据仍然可以正常传输。

目的节点的行为分析：目的节点在接收到来自不同路径的数据包后，对数据包进行行为分析和重组。首先，目的节点接收到各条路径传输的子包后，对数据进行解密处理，并对数据包的完整性进行验证。通过对比分析不同路径传输的数据，检查数据包是否一致。如果某条路径上的数据包与其他路径不一致，则判定该路径上存在恶意节点或数据被篡改。然后，目的节点根据子包的序列号，将各个子包重新组合成原始数据包，确保数据完整和准确。

恶意节点检测和隔离：通过目的节点的对比分析，识别和隔离路径上的恶意节点。如果某条路径上的数据包与其他路径不一致，则目的节点判定该路径上存在恶意节点，并记录该路径上的中继节点信息。在后续的数据传输中，源节点和其他中继节点会避免选择标记为恶意节点的路径，确保数据传输的安全性。

5）基于分层式组网的安全路由协议

分层式组网，也称为分簇式组网，是一种将网络节点按一定规则划分为不同层级或簇的架构方式。在这种架构中，网络分成多个相对独立的簇（子网络），每个簇由一个簇头节点和多个成员节点组成。簇头节点负责管理和控制簇内成员节点，协调它们之间的工作，并负责簇内信息的收集和簇间数据的转发。这种分层结构不仅简化了网络管理，还提高了网络的灵活性和可扩展性。

在分层式组网中，路由的建立主要通过簇头节点之间的交互进行，这些节点交换路由信息并选择路径，形成多跳路径以实现数据传输，如图5-23所示。为了确保簇头节点的安全性，该安全路由协议通常引入节点认证、数据加密和完整性校验等安全机制，防止恶意节点成为簇头节点，确保其合法性和可靠性。这种安全路由协议在平衡能耗和扩展拓扑方面具有显著优势，通过分层结构，簇头节点承担更多的通信和计算任务，减少了成员节点的能耗，延长了网络的整体寿命。分层式组网还使得网络可以更容易地扩展，当新节点加入时，只需要确定其所属的簇再加入相应的簇，而无须重新构建整个网络拓扑。簇头节点通过集中管理簇内通信，优化路由选择，减少了数据传输的延迟和开销，提高了整个网络的传输效率。基于分层式组网的安全路由协议的实现包括以下步骤。

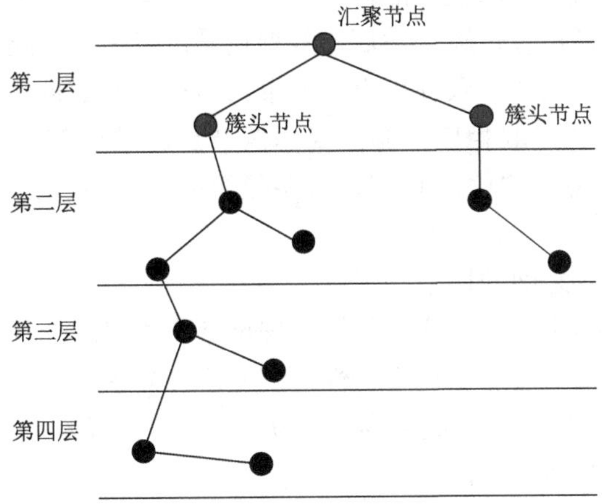

图 5-23　分层式组网中的多跳路径示意图

网络初始化与分层：在网络部署后，首先进行初始化。网络节点首先根据地理位置或其他因素分为多个簇。每个簇由一个簇头节点和多个成员节点组成。通过提前预设或者基于节点剩余能量、位置、随机选择等算法选举出初始的簇头节点。簇头节点广播其身份和位置信息，成员节点根据接收到的信号强度和地理位置选择加入最近的簇，形成初步的分层结构。

簇内通信与数据融合：成员节点将采集到的数据发送给各自的簇头节点。簇头节点对接收到的数据进行融合处理，以减少冗余数据并降低通信能耗。簇头节点还会对簇内成员节点的状态进行监控，确保网络的稳定性和可靠性。

簇间通信与路由建立：簇头节点之间通过多跳通信、中继节点等机制建立路由路径，以便将融合后的数据传递给汇聚节点(sink 节点)或上层网络。路由的建立主要通过簇头节点之间的交互进行。簇头节点之间交换路由信息，选择最佳路径实现多跳数据传输。在路由建立过程中，考虑节点的剩余能量、链路质量、安全性等因素，以确保数据传输的可靠性，其中，簇头节点收集并维护簇内成员节点的路由信息，确保簇内通信的高效进行。此外，簇头节点通过相邻簇头节点传递路由信息，形成簇间路由路径。这些路径通过最少跳数、最低延迟和高能效等标准选择，以优化整体网络性能。

路由维护与安全保障：实时监控网络中的异常情况(如能量耗尽、链路中断、恶意攻击等)，采取相应的应对措施，并周期性地对簇头节点进行重选，以平衡网络中的能量消耗并防止单点故障。在路由维护和数据传输过程中，引入了多层次的安全机制，如节点认证、数据加密、完整性校验等，以确保簇头节点和整个网络的安全性。在节点认证时，通常采用基于证书的认证机制，确保每个簇头节点和成员节点都是可信的。节点在加入簇时，需要验证其证书，防止恶意节点加入网络。此外，在数据包中附加校验码，接收节点在解密后进行校验，确保数据包未篡改。校验码通常由哈希函数生成，如 SHA-256 等。

协同路由与性能优化：利用协同路由策略，即节点之间的协作通信，以提高数据传输的成功率和网络的可靠性。在数据传输过程中，不仅考虑直接路径，还考虑通过其他簇头节点或中继节点的间接路径，以优化能耗和传输效率。首先，源节点将数据包分割成若干子包，分别通过不同路径进行传输。然后，数据包通过多个独立路径传输，目的节点接收到所有子包后进行数据重组和一致性检查。如果某路径上的数据包与其他路径不一致，则判定该路径存在问题，并采取相应措施隔离恶意节点。通过节点间的协同工作，协议能够更有效地应对水下环境中的信号衰减、多路径效应等挑战，提高数据传输的可靠性和成功率。

6) 不同安全路由协议之间的比较

为了海洋机器人网络中数据的安全传输，安全路由协议的选择至关重要，因为这些协议不仅需要确保数据传输的可靠性和安全性，还要适应复杂多变的海洋环境。不同的安全路由协议有各自的特点、优缺点和适用场景。为了更好地选择合适的安全路由协议，表 5-2 详细比较了上述 5 种安全路由协议。

表 5-2　不同安全路由协议之间的对比

路由协议类型	特点	优点	缺点	适用场景
基于反馈信息的安全路由协议	利用节点间的反馈信息来选择最佳路径，动态调整路由	实时性强，能快速适应网络变化；路径选择相对准确，提高传输效率	需要持续收集和处理反馈信息，增加网络开销	适用于动态环境和资源受限的海洋机器人通信网络，实时调整路由
基于地理位置的安全路由协议	利用节点的地理位置信息来规划路由，防御女巫攻击和虫洞攻击	路径规划更加直观，易于理解；能够有效防御基于地理位置的攻击	需要精确的地理位置信息，定位误差会影响路由效果	适用于需要高安全性和定位精度的海洋机器人通信网络，有效防御基于地理位置的攻击
基于密码算法的安全路由协议	通过加密和认证技术来保护路由信息的安全，防止数据泄露和恶意节点加入网络	安全性高，能够有效防止路由信息泄露，保证节点的合法性	加密和认证机制增加了计算和通信开销	适用于需要高安全性和定位精度的海洋机器人通信网络，有效防御基于地理位置的攻击
基于多路径传输的安全路由协议	同时使用多条独立路径传输数据，提高数据传输成功率，并能检测和隔离恶意节点	传输可靠性高，即使部分路径失效也能继续传输；实现负载均衡，降低单一路径的拥塞风险	需要管理和维护多条路径，增加路由管理的复杂性	适用于需要高可靠性和抗攻击性的海洋机器人通信网络，尤其是复杂环境中的数据传输
基于分层式组网的安全路由协议	将网络划分为多个层次，每个层次负责不同的路由决策和管理	网络结构清晰，易于管理和扩展，可以在不同层次上实施不同的安全策略	簇头节点负担较重，依赖簇头节点的安全性	适用于大规模和能量受限的海洋机器人通信网络，优化能耗分布和拓扑管理

2. 安全定位和同步协议

安全定位和同步协议是指在网络中确保时间同步和节点定位安全性的机制和方法。要实现高效的协同作业和数据共享，海洋机器人必须依赖准确、可靠且安全的定位与同步机制，确保各节点能够精确定位位置和同步时间。在定位和同步过程中，面临位置欺骗攻击、时钟欺骗攻击等安全威胁。这些威胁会影响系统的正常运行和任务执行，导致海洋机器人产生错误的决策和行动。为了应对这些安全威胁，确保系统的稳定和可靠运行，安全定位和同步协议显得尤为重要。与 5.2.2 节的定位与时钟同步协议相比，安全定位和同步协议引入了数据加密、身份认证和抗攻击机制，以确保在恶劣和不可信的环境中依然能够保障网络正常运行。

1) 安全定位协议

水下组网中的安全定位协议是确保水下节点能够安全、准确地确定其位置的关键技术。其主要思想是通过加密、认证、信任机制和异常检测等技术手段，确保节点位置信息的真实性、完整性和可靠性，以防御定位过程中的潜在安全威胁。如图 5-24 所示，协议开始时，节点之间进行身份认证，确保参与定位的所有节点是可信的。如果通过身份认证，发射节点 A 广播加密请求消息。其他节点(B、C)收到该加密消息后，向发射节点返回加密响应消息。一旦发射节点接收到加密响应消息就执行解密，获得其他节点的信号强度值等定位信息。最后，发射节点根据接收到的定位信息计算出自身或目的节点的准确位置。

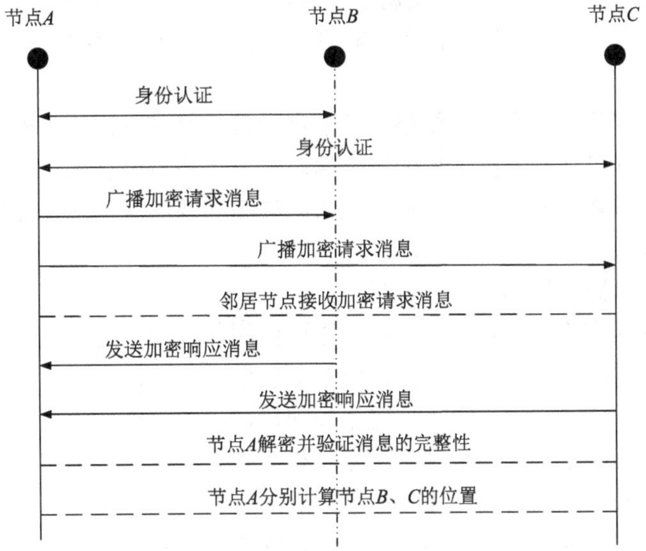

图 5-24 安全定位协议框架图

由于海洋环境的特殊性，如信号衰减、多路径效应、水流影响等，水下组网中的安全定位更加复杂。为了应对这些挑战，目前已提出多种安全定位协议，包括基于信任模型的安全定位协议、基于测量信息异常检测的安全定位协议、基于隐私保护的安全定位协议以及基于证据理论的安全定位协议等。

(1) 基于信任模型的安全定位协议。

基于信任模型的安全定位协议是一种在位置验证过程中引入信任模型来增强安全性的方法。信任模型则是网络安全领域的一个重要概念，它描述了系统如何管理和维护用户或实体之间的信任关系。在基于信任模型的安全定位协议中，信任模型用来评估参与定位过程的节点或设备的可信度，从而确保定位结果的准确性和安全性。

该过程一般如下。首先，对网络中的锚节点进行信任评估。接着，对网络中的未知节点进行初始定位。然后，对参考节点进行信任评估。最后，对网络中的未知节点进行第 2

次定位。其中，锚节点是水下传感器网络中位置已知的节点，参考节点是指位置已知且可以辅助定位其他节点的节点集合，未知节点是水下传感器网络中位置尚未确定的节点。基于信任模型的安全定位协议通常结合分布式声誉机制、信任评价机制等，对锚节点和其他传感器节点的位置信息进行验证和筛选。该协议对节点进行信任评估的具体步骤如下。

信任初始化：初始化信任模型，为网络中的每个节点分配一个初始信任值和唯一的身份标识，该信任值通常基于节点的历史表现或预设的默认值。

信任评价：收集与节点信任度相关的证据信息，如节点的历史定位数据、与其他节点的交互记录等。这些信息将用于信任评估算法中，以计算节点的信任值。在网络运行过程中，节点间通过交换位置信息、测距信息、信号强度等数据，利用 Beta 分布、信任过滤机制等方法对节点的信任值进行动态评估。

信任更新：根据节点的行为(如是否提供准确的位置信息等)和与其他节点的交互结果，定期更新节点的信任值，并将更新后的信任值存储在系统中以便后续使用。信任值的更新应基于行为评估(根据节点的行为表现调整其信任值)、多源验证(不仅仅依赖于单一节点的行为数据，而是结合多个可信节点的信息来综合评估)等规则和策略，以确保其准确性和公正性。

信任决策：在定位过程中，系统根据各节点的信任值进行决策，根据信任值过滤不可信的节点信息，选择可信的节点提供的定位信息作为最终定位结果。利用信任值高的节点提供的位置信息，排除信任值低的节点可能引入的错误或虚假信息。随后，将定位结果输出给相关节点，以供后续使用或分析。

(2)基于测量信息异常检测的安全定位协议。

基于测量信息异常检测的安全定位协议通过检测节点间测量信息的异常来识别和排除潜在的恶意节点或错误数据，从而提高定位的准确性。其中，测量信息是指在定位过程中由传感器节点或锚节点等收集到的与位置相关的数据，如距离、角度、信号强度等。异常检测技术通常使用统计学方法、机器学习方法和信号处理方法，具体步骤如下。

数据采集：首先，在网络初始化时每个节点生成唯一的身份标识。然后，节点采集与定位相关的测量信息，包括接收到的信号强度、到达时间差、到达角度等。传感器节点定期或按需收集测量信息，并将数据上传至汇聚节点或簇头节点。

异常检测：首先，对收集到的测量信息进行预处理，如去噪、滤波等。通过对历史数据的分析，建立测量信息的正常分布模型，定义正常数据的范围和模式。在定位过程中，节点实时监控和分析收到的测量信息，将其与正常分布模型进行比较。然后，利用统计分析方法(如阈值检测、聚类分析等)或机器学习方法(如支持向量机、神经网络等)对测量信息进行异常检测。例如，基于统计的方法可以计算测量信息的均值和标准差，识别出偏离正常范围的异常数据；基于机器学习的方法可以训练分类器，识别出异常模式。

数据筛选：排除异常数据，仅使用正常数据进行定位计算。一旦检测到异常数据，系统将其过滤或标记为不可信，并记录相关信息(如时间戳、异常类型等)，防止其影响定位结果。为了提高异常检测的准确性，可以通过多源验证的方法，利用多个节点的测量信息进行交叉验证，识别和排除异常数据。

定位计算：对经过异常检测和处理的测量信息进行数据融合，使用可信的数据进行后续的定位计算。常用的方法包括加权平均、卡尔曼滤波等。基于过滤后的测量信息，使用定位算法(如三边测量法、最小二乘法等)计算节点的位置信息。使用加权算法时，可以根据节点的信任度和测量信息的可靠性进行加权，得到更准确的定位结果。

(3)基于隐私保护的安全定位协议。

基于隐私保护的安全定位协议旨在在保护节点位置隐私的同时，实现准确的位置定位。这类协议通常采用加密技术、匿名通信技术、差分隐私等方法来保护节点的位置信息，在保护隐私的前提下，采用适当的定位算法计算节点位置。其中，匿名通信是指通过匿名等技术，节点在通信过程中不暴露其真实身份和位置信息；差分隐私是指在数据处理和定位计算过程中对数据增加扰动，确保节点的位置信息在统计上不会泄露。

(4)基于证据理论的安全定位协议。

基于证据理论的安全定位协议利用证据理论(如 Dempster-Shafer 理论等)来处理定位过程中的不确定性和冲突信息，从而提高定位的准确性和鲁棒性。Dempster-Shafer 理论是一种处理不确定信息的数学工具，通过构建信任函数和似然函数来描述证据的不确定性，并利用合成规则将多个证据组合起来，以得到更为可靠的结论。基于证据理论的安全定位协议能够融合多个来源的不确定信息，并给出更加合理的决策结果，具体方案如下。

证据收集：每个节点在网络初始化时生成唯一的身份标识。节点采集与定位相关的信息，这些信息称为“证据”。证据可以包括接收到的信号强度、到达时间差、到达角度等。每个节点会生成一个关于其他节点位置的初步估计。

证据融合：首先，将从各节点采集到的证据建模为 Dempster-Shafer 理论中的信任函数，用以表示节点对位置估计的信任程度和不确定性。然后，使用 Dempster 的组合规则将来自不同节点的证据进行融合，得到综合的信任函数。该过程可以减小单个证据的误差，提高定位的准确性。

冲突解决：通过分析融合过程中证据之间的冲突程度，识别和检测异常证据。较高的冲突度通常表示存在异常或恶意节点。对检测到的异常证据进行处理，采取适当的措施，如证据重新加权、证据排除或可信节点重新选择等，以确保定位结果的可靠性。

定位决策：基于证据冲突检测结果，选择可信的证据进行最终的定位计算。利用这些筛选后的证据，综合考虑多源信息的不确定性，并结合综合信任函数，精确计算节点的位置信息。为了提高系统对环境变化的适应能力和异常检测的精度，根据新收集的数据和证据，动态地更新信任函数和证据组合模型。

(5)不同安全定位协议之间的比较。

下面将比较上述几种典型的安全定位协议，探讨它们在海洋机器人组网中的适用性和优劣势，见表 5-3。

表 5-3 不同安全定位协议之间的对比

协议类型	特点	优点	缺点	适用场景和范围
基于信任模型的安全定位协议	通过建立信任模型，评估每个节点的可信度，过滤不可信信息	增强定位信息的可信度，适应动态变化的环境	信任模型须不断更新，计算复杂度较高	动态且多变的海洋环境，节点数量较少的网络
基于测量信息异常检测的安全定位协议	采用异常检测方法测量数据中的异常值来剔除错误位置信息	实时性强，对硬件要求低	依赖于异常检测算法的精度，对环境噪声敏感	数据准确性要求高，环境复杂的网络

续表

协议类型	特点	优点	缺点	适用场景和范围
基于隐私保护的安全定位协议	通过隐私保护算法，保护节点位置隐私	可以有效防止位置信息泄露	需要额外的加密解密过程，计算复杂度高	需要严格隐私保护的军事或科研任务，节点位置敏感的网络
基于证据理论的安全定位协议	运用证据理论综合多个测距信息，提高定位准确性	适应性强，能够有效处理不确定性和冲突信息	需要大量证据信息，实时性受限	高精度定位需求的应用场景，多节点协作的网络

2）安全同步协议

海洋机器人组网中的安全同步协议是指在水下环境中，在确保各个传感器节点或海洋机器人之间时间同步的同时，采取一系列安全措施以防止数据泄露、篡改或伪造等威胁的协议体系。如图 5-25 所示，首先，参与组网的节点之间进行身份认证，确保每个节点都是可信的。接着，节点 A 向其他节点发送加密同步请求，以防止数据被窃听和篡改。其他节点接收到请求后，响应该请求。节点 A 接收到响应信息，对该信息进行解密并使用消息验证码或数字签名技术来验证数据的完整性，防止数据被恶意篡改。然后，节点 A 根据获得的信息进行时间偏移计算，调整自身时钟。相应地，节点 A 对自身时钟信息进行加密并发送给其他节点，其他节点接收到信息后进行解密和数据完整性验证。如果通过验证，其他节点根据解密后的信息调整自身时钟。

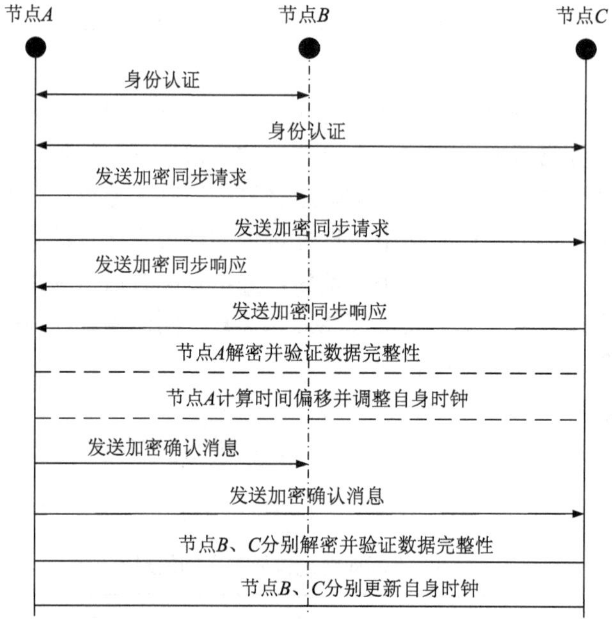

图 5-25　安全同步协议框架图

在复杂的海洋环境中，海洋机器人组网面临着诸多安全威胁，包括信号干扰、数据篡改、位置欺骗和时钟偏差等。安全同步协议正是为了应对这些安全威胁而设计的，它通过异常检测等手段，保障水下网络时间同步的准确性和安全性。然而，目前针对水下环境的安全同步协议研究相对较少，主要包括基于分布式组网的安全同步协议和基于异常检测的安全同步协议等。

(1)基于分布式组网的安全同步协议。

基于分布式组网的安全同步协议是一种针对水下自组网设计的高效网络协议，旨在通过分簇的网络拓扑结构来提高网络的同步性、安全性和能效。该协议将节点划分为多个集群，每个集群由一个簇头节点负责管理和协调，集群簇头节点通过加密和认证机制与集群内的其他节点进行通信，从而实现网络中的高效同步和数据安全传输，其具体步骤如下。

集群构建与簇头选举：网络初始化时，首先根据分簇算法将节点合理划分为多个集群，并在每个集群内部通过竞争或指定方式选举出一位簇头节点，作为该集群的领导者与通信枢纽。

集群内安全同步：簇头节点利用加密技术生成广播消息，该消息不仅包含时间同步信息，还通过身份认证机制确保消息来源的真实可靠。集群内的其他节点在接收到这些加密且认证的同步消息后，据此调整自身时钟，实现集群内部的高效时间同步。

跨集群同步机制：在集群内部完成同步后，各簇头节点之间通过加密通道进行跨集群的时间同步，确保整个网络的时间基准保持高度一致。这一步骤不仅增强了网络的同步性，还通过减少不必要的全局广播，进一步降低了通信开销和能耗。

在该协议中，簇头节点负责与其他簇头或中心节点进行同步，并将同步信息传递给簇内成员节点。这种分布式组网方式通过分簇结构以减少节点间的直接通信次数，提高网络的可扩展性和容错性。协议内置多种安全机制，如数据加密、身份认证和入侵检测等，以保障数据传输的安全性。此外，该协议采用时间同步技术，确保网络中各节点的时钟保持一致，从而实现数据的精确采集和传输，提高网络的同步性和可靠性。

(2)基于异常检测的安全同步协议。

基于异常检测的安全同步协议提供垂直和水平两个方向的时间同步服务，以全面覆盖并优化水下自组网中的时间一致性需求，同时采用异常检测方法识别和排除异常数据。垂直同步专注于跨越不同深度层次节点间的时间校准，确保从表层到深海的每一环节都能精准同步；水平同步则聚焦于同一或相近深度层面节点间的即时协调，以强化局部区域的同步精度。其具体步骤如下。

构建多维同步框架：在网络的关键位置部署同步节点，这些节点作为时间基准，能够同时支持垂直(深度方向)与水平(平面方向)两个方向的时间信号广播，为整个网络构建出立体化的同步体系。

节点自适应时钟调整：网络中的每个节点均具备接收并解析来自同步节点时间信号的能力。一旦接收到信号，节点将立即根据信号中的时间信息，精准调整其本地时钟，确保与全网保持高度一致。

集成异常检测：为抵御外界干扰及内部故障可能导致的同步误差，协议内置了高效的异常检测算法。该算法能实时分析同步过程中的数据流，精准识别并排除任何异常数据，确保同步过程的准确性和可靠性。

保护同步信息：在保障同步效率的同时，协议重视同步信息的安全性。通过采用强大的数据加密与认证技术，有效防止数据在传输过程中被篡改或伪造，确保同步信息的完整性和真实性。

该协议提供垂直和水平两个方向的同步服务并集成异常检测机制，不仅能够满足多样化的应用场景需求，还展现出了对水下环境动态变化的卓越适应性，能够及时发现并处理同步过程中的异常情况。无论是海洋洋流的复杂流动，还是温度梯度对声速及信号传播的微妙影响，该协议均能通过其灵活的同步机制与强大的异常检测能力，确保网络同步的持续稳定与高效运行。

针对上述两种安全同步协议，它们具有各自的优缺点及适用场景。基于分布式组网的安全同步协议利用节点协同工作，通过分布式算法实现网络内节点的时间同步，以减少单点故障，并且容错能力强，易于扩展和维护。然而，这种协议的同步精度受网络拓扑影响，收敛速度较慢。它适用于大规模分布式网络和节点间需要高效协作的场景。基于异常检测的安全同步协议采用异常检测方法，通过检测同步过程中的异常行为来确保时间同步的准确性。这种协议的实时性强，能够有效抵御同步攻击。但它依赖异常检测算法的精度，可能存在误检情况，适用于时钟同步要求高、环境复杂的网络。

5.4 本 章 小 结

本章对海洋机器人安全中的组网安全进行了系统性的阐述，从组网的基本概念、特点与方式出发，逐步深入到路由协议、同步定位协议的研究现状与技术细节，并最终聚焦于组网面临的安全威胁、攻击手段及相应的防御措施与技术。海洋机器人组网是指将多个海洋机器人连接成一个协调一致的网络，实现高效的数据交换和协同工作，其作用在于提升海洋机器人任务的整体效率和可靠性。路由协议和同步定位协议在海洋机器人组网中起着核心作用，确保数据传输的高效性和准确性，并维持网络节点之间的时间同步和位置精度。然后，路由协议和同步定位协议容易遭受攻击。本章详细列举并分析这些安全威胁，揭示了海洋机器人组网在复杂海洋环境中可能遭遇的安全挑战。在此基础上，本章提出了针对性的防御措施与技术，包括安全路由协议、安全定位和同步协议，旨在构建一套全面、有效的安全防护体系，确保海洋机器人网络在面临各种安全威胁时能够保持稳定、可靠运行。

思 考 题

5-1 什么是海洋机器人组网？它的主要作用是什么？面临的主要挑战有哪些？

5-2 在海洋机器人中，组网的特点和方式有哪些？

5-3 路由协议在海洋机器人组网中起到什么作用？它在海洋机器人组网中如何适应动态变化的网络环境？

5-4 同步定位协议在海洋机器人组网中的重要性体现在哪些方面？它如何确保海洋机器人在复杂海况下的时间同步和位置精度？

5-5 基于信任模型的安全定位协议如何评估节点的可信度？其优缺点是什么？

5-6 基于测量信息异常检测的安全定位协议如何保障安全性？其主要实现过程是什么？

5-7 基于隐私保护的安全定位协议是如何保障节点位置隐私的？适用哪些场景？

5-8 基于证据理论的安全定位协议中有哪些具体步骤？如何提高定位的可靠性和安全性？

5-9 基于分布式组网的安全同步协议如何实现时间同步并确保安全性？它的优点和缺点分别是什么？

5-10 组网过程中可能遇到哪些安全威胁和攻击？有哪些防御措施和技术可以应对这些威胁？

第 6 章　人工智能安全

人工智能是当今世界最受关注的技术之一，已经在多个行业和领域展现出巨大的潜力，改变了人类的生活、工作和互动方式。在海洋机器人领域，人工智能技术的应用不仅开辟了新的研究领域，还能够优化海洋机器人多个环节的系统设计，提升海洋探索的能力和效率。尽管人工智能取得了显著的突破与广泛的应用，其本身仍存在诸多风险问题。随着人工智能在海洋机器人领域的应用逐渐增多，其内在的安全性直接关系到系统的安全运行与有效作业。

本章将围绕人工智能在海洋机器人系统中的应用展开。首先，回顾人工智能的基础知识，包括其发展历史与学习范式。接着，将深入介绍海洋机器人系统中人工智能技术的应用，特别是在物理结构设计、主机系统、通信系统及集群组网中的实践。随后，本章将重点分析人工智能在海洋机器人系统中面临的安全问题，包括算法漏洞、数据漏洞和模型漏洞，并介绍相应的防御措施。最后，本章将展望海洋机器人系统中人工智能技术的未来发展趋势，探讨新型人工智能技术的应用以及人工智能安全领域的未来发展方向。

6.1　人工智能基础

人工智能技术日益成为科技创新的核心，对多个领域产生了深远影响。为了便于对后续内容的理解，本节将介绍人工智能的发展历史和主要学习范式。

6.1.1　发展历史

人工智能自诞生以来，经历了从早期探索到现代繁荣的演变。从专家系统到深度学习，再到大规模语言模型，人工智能技术不断突破，为人类社会带来深远影响。图 6-1 展示了人工智能的发展历程。

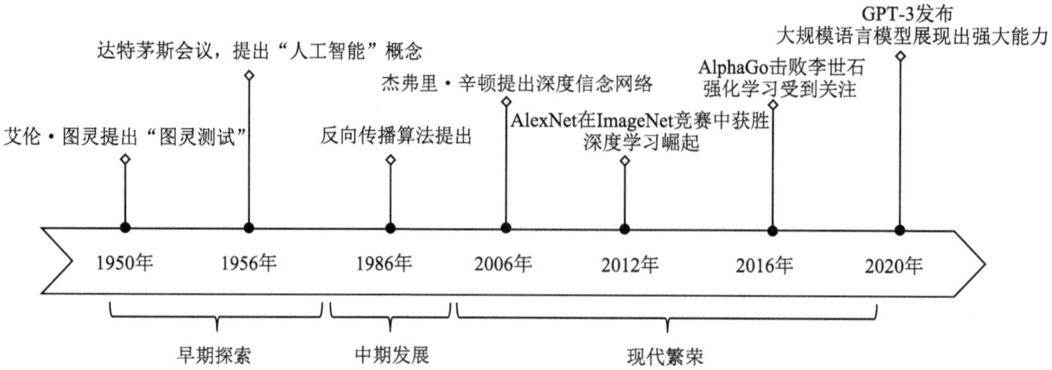

图 6-1　人工智能发展历程

1. 早期探索

人工智能的起源可以追溯到 20 世纪 50 年代。1950 年，计算机科学家艾伦·图灵(Alan Turing)提出了“图灵测试”，以检验机器是否具备智能。1956 年，达特茅斯会议视为人工智能研究的正式开端，会议上首次提出了“人工智能”的概念。在这一阶段，研究人员主要集中在逻辑推理和专家系统上。专家系统利用知识库和推理规则模拟专家的决策过程，逻辑推理系统则试图模仿人类的逻辑思维。然而，由于计算机运算能力的限制和知识工程的瓶颈，这些早期专家系统尽管在特定领域表现出色，但其通用性和灵活性受到限制。

2. 中期发展

进入 20 世纪 80 年代，神经网络的复苏和反向传播算法的提出为人工智能研究带来了新的活力。神经网络模型能够模拟人类神经系统的结构和功能，通过学习和训练来改进性能。然而，人工智能研究在这一时期经历了多次波动，资金的短缺和技术瓶颈导致了“人工智能寒冬”的出现。但与此同时，学术界在计算能力和算法优化方面也取得了重要进展，为后来的深度学习奠定了基础。

3. 现代繁荣

21 世纪初，深度学习的突破性进展标志着现代人工智能的到来。2006 年，杰弗里·辛顿提出了深度信念网络，开启了深度学习的新时代。随后，卷积神经网络(convolutional neural network, CNN)在图像识别领域取得了巨大成功，例如，AlexNet 在 2012 年的 ImageNet 竞赛中取得了惊人的成绩。同样有代表性的是强化学习，谷歌的 AlphaGo 在 2016 年击败围棋冠军李世石，展示了强化学习的强大能力。近年来，大规模语言模型，如 ChatGPT 和 GPT-4 等的发展进一步推动了自然语言处理技术的进步，这些模型通过海量数据预训练，展现出强大的语言生成和理解能力，极大地拓展了人工智能的应用范围和影响力。除了这些技术突破，人工智能在自动驾驶、医疗诊断、金融分析等领域也取得了显著进展，展现了广泛的应用前景。

6.1.2　学习范式

机器学习是实现人工智能的重要方法之一，其核心思想是在经验学习中改善具体算法的性能。基于学习范式，可以将机器学习分为四类，分别是监督学习、无监督学习、半监督学习和强化学习，如图 6-2 所示。

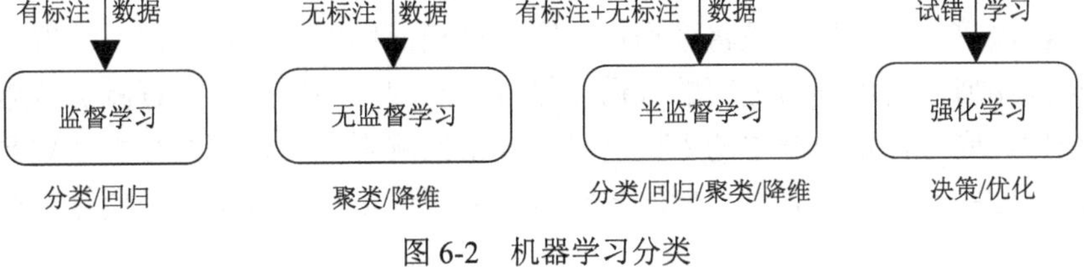

图 6-2　机器学习分类

1. 监督学习

监督学习是人工智能和机器学习中的一种基础方法，旨在通过大量标注的训练数据来学习输入和输出之间的映射关系。其核心思想是利用已知的输入输出对，即训练集，来训练一个模型，使其能够在给定新输入时，准确预测对应的输出。监督学习经典算法包括支持向量机、决策树、朴素贝叶斯、神经网络等。通用的监督学习过程如图 6-3 所示，模型首先会接收到一组带有明确标签的训练数据。这些数据通常经过预处理，包含数据清洗、标准化和特征提取等环节，以便模型能够更好地捕捉其中的模式和信息。然后，模型会利用这些数据来逐步调整其内部参数，优化其预测能力。这个调整过程通常通过最小化预测输出与真实标签之间的误差来实现。例如，使用损失函数来衡量这种误差，并通过优化算法来更新模型的参数。随着训练的进行，模型会逐渐学习到输入与输出之间的复杂关系，并能够在新的、未见过的数据上做出准确的预测。然而，高质量的数据标签往往难以获取，为了有效利用无标签或少量标签数据训练模型，可以采用无监督学习和半监督学习的方法。

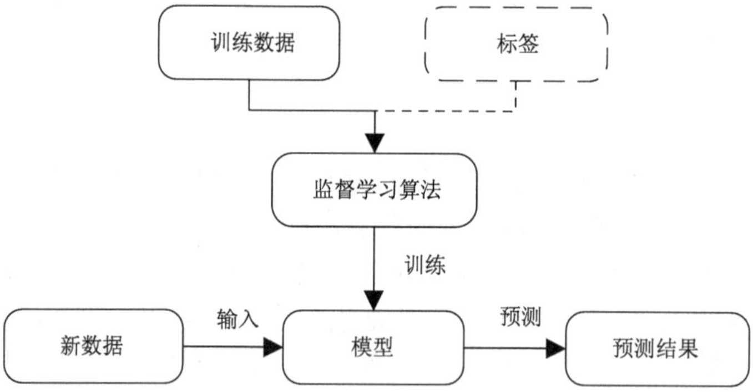

图 6-3　监督学习过程

监督学习在许多领域都有广泛的应用，如图像识别、语音识别、自然语言处理等。在海洋机器人系统中，监督学习可用于预测海洋环境参数，如水流速度和温度等，还能助力机器人识别海洋生物。监督学习模型可以通过学习大量的标注数据来掌握特定任务所需的技能，从而在实际应用中展现出卓越的性能。然而，监督学习依赖大量高质量的标注数据，数据获取成本高，且模型可能对未在训练数据中出现的情况泛化能力较差。

2. 无监督学习

无监督学习与监督学习不同，其无须预先标注数据，侧重于从大量无标签的数据中发现隐藏的结构和模式，通过分析数据本身的内在结构进行学习。无监督学习的基本原理在于对输入数据进行建模，以揭示数据之间的内在关系或相似性，其核心步骤包括数据聚类、降维和异常检测等。数据聚类是将数据点按照某种相似性度量进行分组，使得同一组内的数据点尽可能相似，而不同组之间的数据点尽可能不同。降维则是通过减少数据的维度来简化数据结构，同时保留数据中的主要信息。异常检测则是识别那些与大多数数据显著不同的数据点，这些点可能代表着重要的异常事件或错误。无监督学习经典算法有 K 均值、层次聚类、主成分分析等。

无监督学习在各个领域都有着广泛的应用。在自然语言处理中，无监督学习可以帮助理解文本的语义和结构，实现文本分类、情感分析和文本生成等功能。在海洋机器人中，无监督学习中的异常检测算法可以帮助机器人识别污染物的异常排放、海洋生物的异常行为等。此外，在生物信息学、金融分析和网络安全等领域，无监督学习也发挥着重要作用。无监督学习能处理大量无标签数据，对数据标注的人力和成本要求低。然而，其结果不确定性较大，发现的模式可能难以理解或无实际意义，并且其对数据分布较敏感，可能受噪声影响。

3. 半监督学习

半监督学习是融合监督学习和无监督学习优势的一种学习方法，旨在结合少量标注数据和大量未标注数据来训练模型。其核心思想是利用标注数据为模型提供初步指导，同时从未标注数据中提取更多信息，从而在数据标注成本高或标注数据稀缺的情况下仍能获得高性能的模型。半监督学习方法包括自训练、协同训练和生成模型等。例如，自训练方法中，模型首先使用少量标注数据进行初步训练，然后利用模型预测的未标注数据作为新标签进行再次训练。协同训练方法利用多个模型相互监督和训练，提升整体性能。生成模型则通过生成与数据分布一致的新数据来辅助训练。

半监督学习在多个领域有着广泛的应用。在医学影像分析中，标注每一张影像可能需要大量时间，半监督学习能够利用少量标注数据和大量未标注数据，提高疾病诊断的准确性。在自然语言处理中，半监督学习可以帮助模型在仅有少量标注数据的情况下，学习到更好的语义理解能力，提升文本分类和情感分析的性能。在图像识别等标注成本高昂的计算机视觉任务中，半监督学习能够利用大量未标注图像数据，提升目标检测和图像分割的效果。在海洋机器人系统中，由于数据收集与标注代价较高，半监督学习可以有效利用海洋机器人在环境监测中收集的大量未标注数据，如温度、盐度、流速和化学成分等，并结合少量标注数据，如特定条件下的环境参数等，来构建更精确的环境模型和预测模型。半监督学习解决了许多实际应用中的数据标注瓶颈问题，展现出强大的应用潜力和广泛的前景。

4. 强化学习

强化学习的核心目标是使智能体能够通过与环境的交互学习最优的行为策略，以最大化累积奖励。其原理主要包括环境建模、策略学习和价值评估等。首先，强化学习的核心在于智能体与环境的交互。智能体在环境中采取特定的行动，环境根据智能体的行动给予奖励或惩罚，智能体根据奖励信号调整其行为策略，从而逐步学习到最优的行为策略。其次，策略学习是强化学习的关键环节，指的是智能体学习如何根据当前的状态选择最优的行动。常见的策略学习方法包括基于价值函数的方法，如 Q 学习(Q-learning)等和基于策略梯度的方法，如深度确定性策略梯度（deep deterministic policy gradient, DDPG）算法等。另外，价值评估也是强化学习的重要组成部分，用于评估智能体在某个状态下采取某个行动的好坏程度。价值评估方法通常通过价值函数或动作价值函数来实现，其中，价值函数表示在某个状态下的长期奖励期望，动作价值函数则表示在某个状态下采取某个行动后的长期奖励期望。随着深度学习的发展，深度强化学习结合了深度学习和强化学习的优势，通过深度神经网络来逼近价值函数，实现了在复杂环境中的优秀表现。

强化学习技术在各个领域有着广泛的应用，其中，智能游戏、机器人控制、自动驾驶等是其典型应用场景。在海洋机器人系统中，强化学习可以在复杂和动态的海洋环境中进行自主导航和路径规划。通过与环境的交互，机器人能够学习避开障碍物、应对海流和风浪等动态变化，从而找到最优的路径。通过不断地与环境交互和学习，强化学习能够使智能体在复杂和未知的环境中不断改进其决策策略，从而实现自主学习和智能决策的目标。

6.2　人工智能在海洋机器人系统中的应用

海洋机器人系统包括多个关键部分，如物理结构设计、主机系统、通信系统和集群组网等，目前，人工智能技术在其中均已有较多应用探索，如图 6-4 所示。逆向设计技术有助于海洋机器人的先进复合材料设计。多传感器数据分析技术整合多种传感器数据，能够增强主机系统对信息的理解能力。目标检测技术用于环境感知和目标识别，帮助导航系统实现更精确的路径规划和障碍物检测。智能决策技术优化控制系统的行为策略，提高机器人任务执行效率，确保其在动态和复杂的海洋环境中自主决策和执行任务。智能信号处理技术使机器人能够更加智能地适应不同环境下的信道变化，提升通信的可靠性和效率。群体协同优化技术使得机器人集群在面对复杂多变的海洋环境时，能够灵活调整策略，优化任务执行流程。此外，还有智能仿真、模式识别、图像分割和任务规划等。本节将简要对人工智能技术在海洋机器人系统各部分中的应用进行介绍。

图 6-4　海洋机器人系统中的人工智能技术

6.2.1　人工智能在物理结构设计中的应用

先进复合材料(如碳纤维和陶瓷等)由于能够提高抗碰撞性能和耐腐蚀性，因此在海洋机器人物理结构设计中具有广泛应用。在复合材料设计中，逆向设计技术提供了一种高效而精确的方法来优化材料性能。传统的材料设计往往依赖于在实验室中反复试验，不仅耗时费力，而且成本高昂。基于机器学习和深度学习等模型的逆向设计技术，可以显著加快这一过程，并提高设计的精度和效率。研究人员通过对数千种不同配方的复合材料进行实验，收集其抗拉强度、耐腐蚀性等性能数据，训练机器学习模型，使其能够理解不同材料成分和微观结构对材料性能的影响。这些模型可以从海量数据中提取复杂的关系和模式，一旦模型经过充分训练即可形成高精度的预测系统。研究人员可以输入特定的性能要求，模型则会逆向推导出最可能满足这些要求的材料成分和结构组合。这一过程不是简单的参数调整，而是通过优化算法在广阔的设计空间中寻找最优解。例如，如果目标是设计一种具有高抗拉强度和优异耐腐蚀性的材料，模型会通过迭代优化，找到既能满足这些性能要求又具有成本效益的材料组合。示意图如图 6-5 所示。

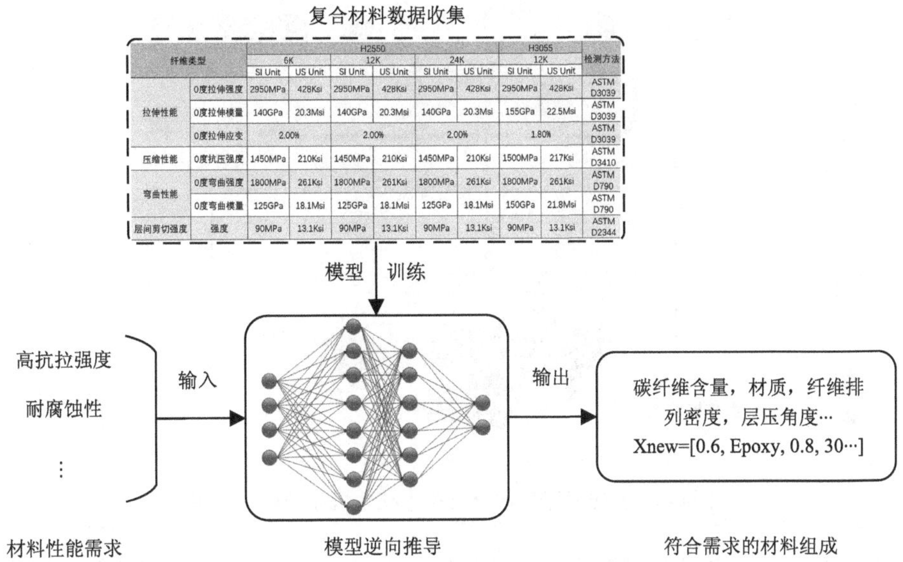

纤维类型		H2550						H3055		检测方法
		6K		12K		24K		12K		
		SI Unit	US Unit	SI Unit	US Unit	SI Unit	US Unit	SI Unit	US Unit	
拉伸性能	0度拉伸强度	2950MPa	428Ksi	2950MPa	428Ksi	2950MPa	428Ksi	2950MPa	428Ksi	ASTM D3039
	0度拉伸模量	140GPa	20.3Msi	140GPa	20.3Msi	140GPa	20.3Msi	155GPa	22.5Msi	ASTM D3039
	0度拉伸应变	2.00%		2.00%		2.00%		1.80%		ASTM D3039
压缩性能	0度抗压强度	1450MPa	210Ksi	1450MPa	210Ksi	1450MPa	210Ksi	1500MPa	217Ksi	ASTM D3410
弯曲性能	0度弯曲强度	1800MPa	261Ksi	1800MPa	261Ksi	1800MPa	261Ksi	1800MPa	261Ksi	ASTM D790
	0度弯曲模量	125GPa	18.1Msi	125GPa	18.1Msi	125GPa	18.1Msi	150GPa	21.8Msi	ASTM D790
层间剪切强度	强度	90MPa	13.1Ksi	90MPa	13.1Ksi	90MPa	13.1Ksi	90MPa	13.1Ksi	ASTM D2344

图 6-5　逆向设计技术在先进复合材料设计中的应用

逆向设计技术在海洋机器人先进复合材料设计中具有重要应用价值，能够助力海洋机器人向更高性能、更长寿命、更低成本的方向迈进，为深海探索、资源开采等领域提供强有力的技术支持。

6.2.2　人工智能在主机系统中的应用

海洋机器人主机系统需要具备高度的智能化和自主化能力，以应对复杂多变的海洋环境。人工智能技术的引入，不仅能够更好地整合和利用各种传感器数据，还能够提高海洋机器人的自主决策能力，为海洋机器人的任务作业提供全面的信息支持与最优的策略制定。

1. 多传感器数据分析技术的应用

由于海洋环境的复杂性和多样性，单一传感器往往无法提供足够的信息来全面理解环境状况和资源分布。海洋机器人通常配备高清摄像头、声呐探测器和化学传感器等多种信息获取设备。高清摄像头能够捕捉海底的高清图像，为研究人员提供直观的海底地貌信息；声呐探测器通过声波反射原理，测量海底地形和水下结构，揭示海底的复杂地貌；化学传感器则实时检测水质成分，提供海水化学特性的关键数据。为了更好地执行海洋资源勘探、环境监测和海底结构分析等任务，机器人需要整合来自多种传感器的数据，从而获得对环境的全面了解和准确判断。

多传感器数据分析技术的核心在于对来自不同传感器的数据进行分析和解读，如图 6-6 所示。

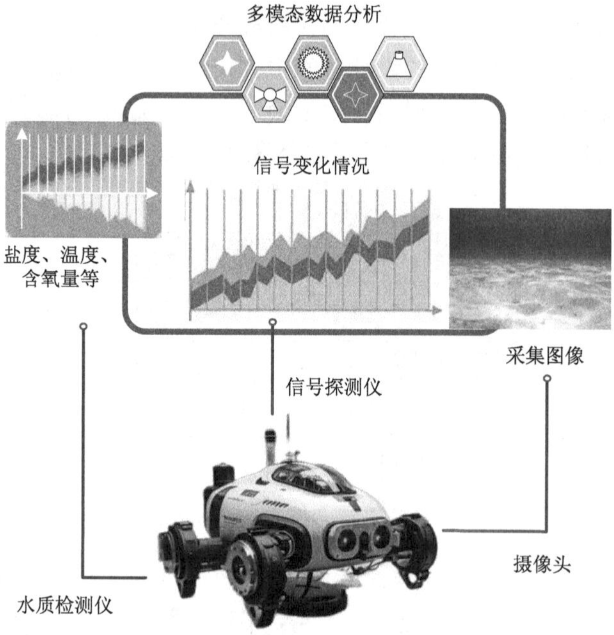

图 6-6　多传感器数据分析技术在主机系统中的应用

(1) 数据处理：对各种传感器收集到的原始数据进行预处理，包括数据清洗、去噪、校准等步骤，以确保数据的准确性和可靠性。

(2) 特征提取：通过特征提取技术，从多种数据中提取出关键的信息和特征，如图像中的纹理、形状和颜色，声呐数据中的地形起伏和障碍物分布，以及化学数据中的盐度、温度和溶解氧含量等。

(3) 数据分析：多传感器数据分析技术运用高级算法对提取出的特征进行分析。这些算法能够识别不同数据之间的关联性和互补性，通过综合分析这些数据，形成对海底资源分布和海洋环境状况的深入洞察。通过分析图像信息、地形数据和化学成分数据，研究人员能够更准确地了解海底资源的分布状况，预测潜在资源的存在，为后续的开采工作提供科学依据。

此外，在海洋环境监测中，多传感器数据分析技术也发挥了重要作用。通过对水质数据、图像数据和声呐数据等多种信息的综合分析，能够及时发现海洋污染、生物分布等异常情况，为海洋保护提供有力支持。

2. 自主决策技术的应用

海洋环境往往复杂、多变且未知，因此海洋机器人系统中的智能控制至关重要。海洋机器人需要能够自主规划和执行任务，以应对各种突发情况和挑战。以自主决策为首的人工智能技术赋予机器人自主学习和优化的能力，使其能够经历试错、学习和成长的过程，不断改进任务执行策略，提升任务成功率和效率。

强化学习在海底探测任务中的应用如图 6-7 所示。通过强化策略优化框架，机器人被训练以识别复杂环境中的特定特征，并学习在遭遇障碍或特定地形时调整其路径。在强化学习过程中，每一次成功的导航和样本采集都给予机器人正向奖励，遇到障碍或耗尽电池等不利情况则给予负向奖励。通过大量的试错经历，机器人学习优化其行为策略，以提高任务成功率并减少能源消耗。在学习过程中，通过接收不同的状态(如机器人的位置、周围环境特征等)，机器人必须选择最佳的动作(如移动方向和速度等)。随着时间的推移，机器人能够学习到一套策略，即在给定状态下选择哪个动作最可能导致最大化长期收益。

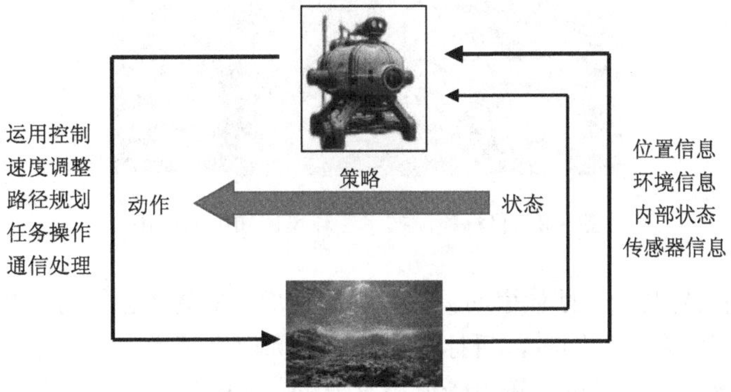

图6-7　自主决策技术在智能控制中的应用

自主决策技术还能够使机器人从过去的任务中积累经验，逐步改进其策略和性能。这种持续学习和优化的能力，使得海洋机器人在多变的海洋环境中能够自主执行复杂任务，大大降低了人类直接介入极端环境所带来的风险，提高了任务执行的自主性和可靠性。

3. 目标检测技术的应用

人工智能技术的应用极大地提升了海洋机器人对复杂海洋环境的理解和响应能力。通过先进的人工智能技术，包括深度学习、机器学习、数据融合和目标检测等，海洋机器人能够识别和预测环境中的各种变化和潜在威胁，实现对环境的准确感知和理解。目标检测技术是确保机器人高效和安全执行任务的关键。海洋环境存在多种潜在的危险和障碍物，如海底地貌变化、沉船残骸、海底管道和各种海洋生物等。海洋机器人通过搭载高清摄像头和其他图像传感器，实时捕获海底的图像数据。目标检测技术利用深度学习等算法，对图像数据中的特征进行提取和学习。这些特征可能包括颜色、纹理、形状等，它们能够帮助机器人快速而准确地识别并定位水下的各种目标。

目标检测技术在海底管道检测任务中的应用如图6-8所示，通过以下具体步骤识别并分析管道的状况。

(1)数据采集：海洋机器人利用高清摄像头、声呐和激光雷达等传感器获取海底环境的高分辨率图像和数据，包括管道表面的细节以及其周围的地形和生物等信息。

(2)特征提取与学习：通过深度学习模型，如卷积神经网络等，从捕获的图像中提取关键特征，如管道的形状、颜色和纹理等。其中，特征提取旨在确保检测算法能够区分管道与其他海底物体。通过训练阶段，模型学会识别特定的管道模式，即使在复杂的背景或低能见度条件下也能保持准确性。

图 6-8　目标检测技术在环境感知中的应用

(3) 目标识别与定位：一旦管道的关键特征被提取，模型将它们与已知的管道特征进行比较，以确认目标的存在。同时，目标检测算法会标记出管道在图像中的确切位置，通过机器人自身的位置信息，可以计算出管道相对于机器人的精确空间坐标，这对于管道的维护和监控至关重要。

(4) 三维重建与状态评估：利用多视图几何和结构光等技术，从不同角度拍摄的图像可以用来创建管道的三维模型。这个三维模型不仅提供了管道的完整外观，还可以帮助工程师检查管道的潜在损伤，如裂缝、腐蚀或变形等，这些都是影响管道安全性的重要因素。

目标检测技术使得海洋机器人能够进行实时监测，持续捕捉和分析海底管道的图像数据。通过自动化算法处理，能够及时发现管道的任何异常情况，为维护和修复提供精准的数据支持。

目标检测技术还可以应用于海底沉船和其他基础设施的识别与监测，帮助研究人员实现对海底环境的智能监测和分析，不仅提高了对海洋资源的勘探效率，也在环境保护和海洋工程中发挥着重要作用。

6.2.3　人工智能在通信系统中的应用

海洋环境的复杂性和动态变化特性使得水声信道具有复杂的时空频变化特性，传统水声通信技术难以有效自适应匹配这些变化。智能信号处理等人工智能技术的引入，为解决这一难题提供了新的方法。通过利用人工智能技术，水声通信系统能够更加智能地适应不同环境条件下的信道变化，提升通信的可靠性和效率。

智能信号处理技术能够对水声通信中的信道状态进行实时分析和预测，主要通过大量历史通信数据对深度学习模型进行训练，使用训练好的模型捕捉信道的变化规律和模式，从而对当前信道状态进行准确预测，其流程如图 6-9 所示。具体步骤如下。

(1) 数据采集：海洋机器人通过水声通信设备采集实时信道数据，包括信号强度、噪声水平和延迟等。

(2) 信道状态预测：海洋机器人采集的实时信道数据输入到训练好的深度学习模型中，模型通过对数据的处理和分析，输出当前信道状态的预测结果。

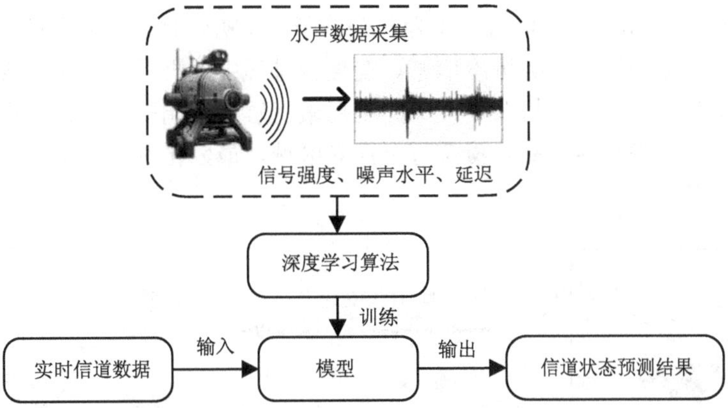

图 6-9　智能信号处理技术在通信系统中的应用

(3) 动态调整通信参数：基于预测结果，水声通信系统可以动态调整通信参数，如传输功率、频率和调制方式等，以适应当前的信道条件，确保数据传输的稳定性和可靠性。

智能信号处理技术还通过强化学习等算法优化水声通信策略，根据信道状态的实时反馈，调整通信策略以最大化传输效率，通过与环境的不断交互，学习到最优的通信策略。具体应用步骤如下：首先，海洋机器人在实际通信过程中不断尝试不同的通信策略，每种策略的效果通过传输成功率、数据吞吐量等指标进行评估；之后根据这些评估结果，使用强化学习算法不断调整和优化通信策略，逐步趋近于最优策略。这一过程可以显著提升水声通信的整体性能。

6.2.4　人工智能在集群组网中的应用

在海洋机器人集群组网过程中，人工智能技术的应用显著提高了机器人集群的协同工作能力和任务执行效率。通过人工智能技术，海洋机器人能够实现高度自主化的通信、协作和决策。集群中的每个机器人都能够自主进行数据处理、环境感知和行为决策。这种智能化的组网系统使得机器人集群在面对复杂多变的海洋环境时，能够灵活调整策略、及时响应环境变化、优化任务执行流程。

目前，在集群组网中应用较为广泛的人工智能技术为群体协同优化技术，其主要包括两大类：分布式算法和集中式算法。分布式算法，如粒子群优化 (particle swarm optimization, PSO) 算法等，通过个体间的简单规则和局部信息交互，实现全局优化。集中式算法，如遗传算法 (genetic algorithm, GA) 和模拟退火 (simulated annealing, SA) 算法等，则通过全局信息的集中处理和优化，达到整体最优。分布式算法适用于动态变化、信息不完全的环境，具有较强的鲁棒性和适应性；集中式算法则在信息充足、环境稳定的情况下表现出色，能够找到全局最优解。

粒子群优化算法是一种典型的分布式协同优化算法，灵感来自鸟群、鱼群等生物群体的协同行为。在海洋机器人集群中，PSO 算法可以用于路径规划和任务分配等关键问题。每个机器人作为一个“粒子”，在搜索空间中移动以寻找最优解。粒子的位置和速度通过局部最优解和全局最优解的影响不断调整，从而实现整体优化。以海洋机器人集群执行海底资源探测任务为例，集群通过粒子群优化算法自主决定如何高效地覆盖指定区域并采集样本，示意如图 6-10 所示。每个机器人作为一个粒子，在初始时随机分布在海底区域内。它们通过无线通信共享位置和任务进度信息。在搜索过程中，机器人根据自身探测到的资源信息，即局部最优解，和其他机器人共享的全局最优解不断调整移动方向和速度。通过群体协同优化，机器人集群能够高效覆盖整个探测区域，最大化资源采集效率，并最小化重复采样和能量消耗。

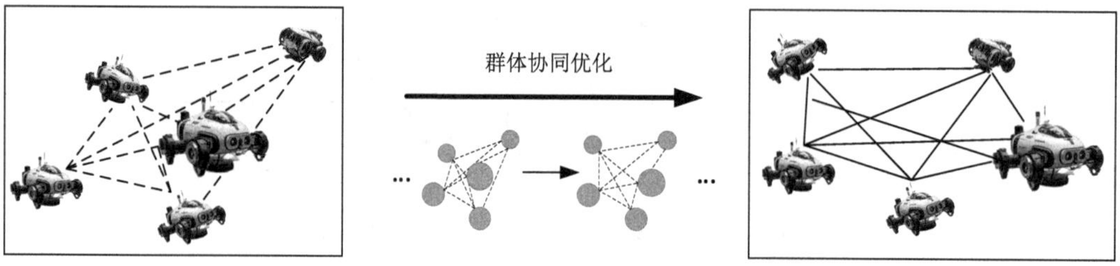

图 6-10　群体协同优化技术在集群组网中的应用

本节简要介绍了人工智能技术如何赋能海洋机器人，提高它们执行任务的能力和效率。然而，目前由于海洋环境的限制，人工智能在海洋机器人系统中的应用还很有限。随着人工智能技术的不断进步，未来人工智能将在海洋机器人系统中有更加广泛的应用，海洋机器人将能够执行更多更复杂的任务，为海洋科学研究、资源开发、环境保护等领域做出更大贡献。

6.3　人工智能安全问题及防御措施

人工智能技术在海洋机器人系统中展现了应用潜力，提高了海洋机器人的智能化水平及任务执行效率。然而，人工智能技术也存在一些固有的不足。人工智能高度依赖数据和算法，当数据质量不足或算法存在漏洞时，就可能导致人工智能模型的决策失误或行为异常。另外，人工智能模型本身存在安全漏洞，使得模型性能容易受恶意攻击影响，这给系统的稳定运行带来了安全风险和挑战。正是这些不足，阻碍了人工智能技术在海洋机器人领域的落地应用。本节将介绍人工智能在自身安全性方面的具体问题及其相应的防御措施。

6.3.1　算法漏洞与防御措施

1. 算法偏差

1) 问题描述

算法偏差问题是人工智能技术中的一大挑战。算法偏差是指由训练数据、模型设计或其他因素，导致人工智能系统对某些输入产生系统性的偏差或误判。

(1) 数据不平衡：训练数据的来源和分布不均衡会导致模型在处理未见过的数据时表现不佳。

(2) 主观偏差与假设限制：特征选择过程中的主观性也会导致算法偏差。在训练过程中，如果某些重要的环境变量被忽略或低估，模型的决策能力将受到影响。模型设计中的假设和限制也是引入偏差的原因之一。例如，一些机器学习模型在设计时假设数据是独立同分布的，但在实际应用中，数据可能具有时间和空间上的相关性，这种假设不成立会导致模型表现不佳。人类在数据收集、标注和模型设计中的偏见也会影响算法，研究人员和工程师在设计和实现系统时可能无意识地引入偏见，导致算法的性能受限。在海洋机器人系统中，算法偏差可能引发一系列严重的后果。例如，在监测海洋生态系统时，算法偏差可能导致对某些关键生态指标的忽视，进而影响整体海洋健康状况的评估。

2) 防御措施

为了解决算法偏差问题，需要采用多种策略和技术来确保人工智能系统的公平性和可靠性。主要包括以下几点。

(1) 多样化数据收集：可以采用多样化数据源的策略来训练算法。例如，从不同的海域收集相同比例和多样性的数据，确保模型能够全面学习和适应不同的海洋环境。

(2) 优化算法与学习机制：引入连续学习机制，使得海洋机器人系统能在实际运行中不断调整和优化算法，根据最新数据修正可能的偏差，提高系统的适应性和鲁棒性。采用公平性算法可以有效减少算法偏差。例如，在模型训练过程中加入对不同群体的平衡考虑，确保模型对不同环境变量的处理更加公平。

(3) 评估与监控：在模型开发过程中，采用多种评估指标和方法对模型进行全面验证，关注模型在不同数据子集上的表现，以发现和修正可能存在的偏差。提高人工智能系统的透明性和可解释性，通过可解释性技术，如特征重要性分析、模型可视化等，可以更好地理解模型的决策过程，识别潜在的偏差源并采取相应的措施。

(4) 人机协作与监管：在模型开发和运行过程中，引入人类监督和反馈机制及时发现和纠正算法偏差。通过人机协作，利用专家知识和经验，不断改进和优化模型的决策策略。

这些措施共同作用，可以有效减少算法偏差，提高人工智能系统的公平性和可靠性，为海洋机器人系统的安全运行提供坚实保障。

2. 算法拟合缺陷

1) 问题描述

算法拟合缺陷关乎到海洋机器人系统在特定条件下的性能表现，更关系到其在广阔且多变的海洋环境中能否保持稳定和高效的工作状态。过拟合和欠拟合是两种典型的拟合缺陷，都会显著影响模型的泛化能力和实际应用效果。

(1) 过拟合：模型在训练数据上表现良好，但面对新数据时却表现不佳的现象。过拟合现象往往发生于模型复杂度过高时，这时模型不仅学习了数据中的有效特征，也学习了噪声和无效信息。这使得模型在训练数据集上表现出色，但在未知数据或新环境中性能急剧下降。过拟合的模型损失了对未知数据的预测能力，因为它过分适应了训练集的特定样本，包括其中的随机误差或无关变量。在海洋机器人系统中，过拟合的模型可能因为在实验室或特定海域的数据集上过度训练，导致它只能识别和处理这些特定环境下的特征，而无法适应更广泛、更复杂的海洋环境。例如，一个基于某个鱼群较少的海域数据训练的海洋勘探任务机器人，在面对较多鱼群的海域时可能会因为无法识别新的环境特征而失效，如图 6-11 所示。此外，过拟合的模型还可能因为对训练数据中的噪声或异常值过度敏感，导致在实际应用中产生误判或错误行为。

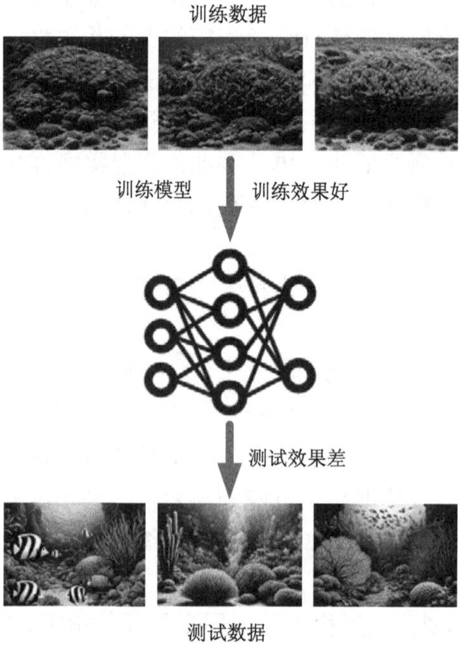

图 6-11 海洋勘探任务中的算法拟合缺陷

(2)欠拟合：模型过于简单，无法捕获数据的基本结构和模式，从而在训练集和测试集上都表现不佳的现象。欠拟合的模型没有充分学习数据中的有用信息，导致无论是在训练集还是未知数据集上，预测性能都不尽如人意。欠拟合通常发生于模型结构选择不当或训练不充分时。例如，一个欠拟合的海洋机器人模型可能无法识别不同海域的水流、温度、盐度等环境参数，从而无法为机器人提供准确的导航和决策支持，甚至发生误判和失误。此外，欠拟合的模型还可能因为缺乏足够的泛化能力，而无法适应新的或未覆盖的环境条件。这两种拟合缺陷不仅影响海洋机器人系统的任务执行能力，还可能带来安全隐患，如路径规划失误导致的碰撞风险或数据采集错误导致的误导性分析结果等。

2)防御措施

为了解决算法拟合缺陷的问题，需要采取一系列有效的防御措施。主要包括以下几点。

(1)数据策略：虽然直接大量扩充数据集可能是最直观的方法，但实际操作中可能面临资源和时间的限制。因此，考虑数据增强技术，如旋转、翻转、缩放原始数据等，生成更多样化的训练样本，是一种更为实际的策略。这虽不如直接扩充数据集那样直接，但仍能有效提升模型的泛化能力。

(2)迁移学习：利用在源任务上已经训练好的模型，称为预训练模型，其参数为 θ_{source}，来初始化新任务的模型参数 θ_{target}，能够避免新任务模型从零开始训练，进而加速训练过程，同时提高模型的泛化能力。新任务模型基于预训练模型参数进行调整，从而获得新模型参数，迁移学习过程可以表示为

$$\theta_{\text{target}} = \arg\min_{\theta} L_{\text{target}}(\theta_{\text{source}} + \Delta\theta; X_{\text{target}}, y_{\text{target}}) \tag{6-1}$$

其中，L_{target} 为目标任务的损失函数；X_{target} 和 y_{target} 分别为目标任务的数据集和标签；$\Delta\theta$ 为对于预训练参数 θ_{source} 的微调量。

(3) 优化训练策略：正则化技术能够简化模型复杂度，防止过度依赖训练数据中的特定特征。具体来说，正则化后的损失函数可以表示为

$$L_{\text{total}} = L_{\text{data}} + \lambda L_{\text{reg}} \tag{6-2}$$

其中，L_{data} 为原始的数据损失项(如均方误差、交叉熵等)，用于衡量模型预测与真实数据之间的差异；L_{reg} 为正则化项，与模型的复杂度相关，用于惩罚复杂的模型；λ 为正则化系数，用于平衡数据损失和正则化项之间的权重。正则化技术能够鼓励模型选择更简单的参数，从而提高其泛化能力。

(4) 性能评估：交叉验证是一种常用的性能评估技术，它通过将数据集划分为训练集和验证集(或测试集)，来评估模型在未知数据上的表现。通过交叉验证，可以及时发现模型在训练过程中可能出现的过拟合问题，并对其进行调整和优化。具体来说，以 k 折交叉验证方法为例。首先为数据集划分：将整个数据集 D 划分为 k 个大小相等的子集，$D=\{D_1, D_2,\cdots, D_k\}$。其次为训练与验证：进行 k 次迭代，每次选取一个子集 D_i 作为验证集，其余 $k-1$ 个子集作为训练集 $T_i = D - D_i$。在每次迭代中，模型在训练集上进行训练，并在验证集上进行评估，得到的评估指标为 E_i。最后将 k 次迭代的验证结果进行平均，以此作为模型的最终评估结果，表示为

$$E_{\text{avg}} = \frac{1}{k}\sum_{i=1}^{k} E_i \tag{6-3}$$

以 k 取 10 为例的交叉验证方法原理如图 6-12 所示。通过这种方式，可以确保模型在不同数据上的鲁棒性，减少因单次划分导致的偏差。

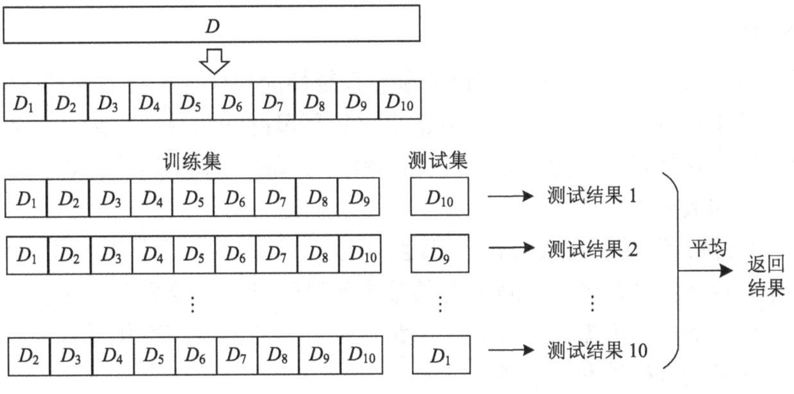

图 6-12　k 折交叉验证方法原理图

这些技术可以帮助海洋机器人更好地应对海洋环境的复杂性和多变性，提高系统的可靠性和稳定性。此外，还可以通过实施模型验证的周期性评估来解决拟合缺陷问题。通过定期收集新的海洋环境数据，并对模型进行验证和评估，可以及时发现并修复模型中存在的问题，以确保其能够持续适应新的或未覆盖的环境条件。这种周期性评估可以帮助机器人提高模型的性能，还可以增强对海洋环境的理解和认识，为未来的研究和应用打下坚实

的基础。

3. 场景分析

以路径规划任务为例，算法偏差可能导致任务失败和安全风险。起初，机器人被派往一个未曾探索过的深海区域。机器人按照预定路径顺利前进，但随着深入海底环境，遇到的地形和障碍物变得越来越复杂。此时，路径规划算法由于未能及时更新而出现偏差，机器人多次选择了局部最优路径，逐渐偏离了安全路线。最终，机器人可能进入一个狭窄的海底峡谷区域，由于算法无法有效处理不断变化的地形，机器人被困在岩石间隙中。尝试多次重新规划路径均失败，导致机器人无法继续执行任务。一种有效的防御方法是使用迁移学习，利用在其他海域路径规划任务上已经训练好的模型，使机器人自身具备一定的规划能力，提高应对不同场景的泛化能力。

算法拟合缺陷也会导致人工智能技术在海洋机器人系统中应用的安全问题。例如，自主导航系统的失控可能导致海洋机器人偏离预定路线并发生碰撞。以自主水下机器人进行深海勘测任务为例，导航系统中的人工智能算法严重过拟合，导致其偏离预定航线，最终与海底地形或其他海洋设备相撞，造成严重的损坏。假设这个机器人正在执行重要作业，如深海油气资源的勘探任务等，失控可能导致其碰撞海底的油气管道，导致漏油事故。这不仅会造成巨大的经济损失，还会对海洋生态环境造成难以估量的破坏。为了防止这种情况，可以通过正则化来调整算法参数，使其在学习过程中更注重于捕捉海底地形的普遍特征，而非过度拟合特定区域的细节。

6.3.2　数据漏洞与防御措施

1. 数据质量问题

1) 问题描述

在海洋机器人系统中，数据质量问题是影响系统性能和任务执行效果的关键因素之一。海洋机器人依赖于从各类传感器获取的数据来进行环境感知、导航规划及任务执行，这些数据的准确性和可靠性直接决定了系统的性能和任务成败。数据质量问题主要涉及传感器故障、数据丢失和数据不一致等。

(1) 传感器故障：海洋机器人配备的温度、压力、水质等传感器可能因为环境恶劣、设备老化或操作失误而出现故障，导致获取的数据不准确甚至完全失效。这种情况下，机器人可能会基于错误的环境数据做出误判，如错误地评估海洋温度变化或误导导航路径规划等，严重影响任务的准确性和可靠性。

(2) 数据丢失：在海洋深处或极端环境下的数据传输过程中极易发生数据丢失，网络故障或其他原因，传感器信号可能会遭遇干扰或中断，导致部分数据丢失或无法完整记录。这种情况下，机器人可能会缺乏关键信息，无法做出正确的决策或执行任务，直接影响机器人在海洋资源探测、环境监测等重要任务中的应用。

(3) 数据不一致：不同传感器之间的精度差异、校准误差或环境因素干扰等，会导致数据不一致问题。这种不一致性将使得机器人难以对外部环境形成准确的理解，从而增加了任务执行的风险。

2) 防御措施

为了应对海洋机器人系统中的数据质量问题，现代技术中广泛采用人工智能算法来提升传感器数据的可靠性和稳定性。主要方法包括以下几点。

(1) 实时监测与预测：可以利用深度学习模型对传感器数据进行实时监测和预测。通过分析历史数据中的异常模式和趋势，模型可以自动识别出可能存在故障的传感器，提前发出预警信号。例如，对于温度传感器，通过监测数据的变化模式和频率，可以检测出异常数据点，进而推测可能的故障发生。使用深度学习模型进行实时监测和预测的通用步骤包括数据预处理、特征提取、模型训练和异常检测。首先，对传感器数据进行预处理，包括数据清洗、去噪和标准化，设定传感器数据为 $X=\{x_1, x_2,\cdots, x_n\}$，其中 x_i 为第 i 个时间点的数据。其次，从预处理后的数据中提取特征，如均值、方差、频谱特征等。特征向量表示为 $F=\{f_1, f_2,\cdots, f_m\}$。之后，利用提取的特征训练模型，模型训练的目标是找到一个映射函数 $f: F\rightarrow Y$，其中 Y 表示是否异常的标签。最后，在实时监测中，将新的传感器数据通过预处理和特征提取，输入到训练好的模型中进行预测。

通过上述流程，模型输出异常得分 s，并设定阈值 θ，当 $s>\theta$ 时，判定为异常数据。一旦异常数据被识别，系统可以立即通知相关操作人员进行检修或调整，及时修复问题，确保数据采集的连续性和准确性。

(2) 多传感器融合技术：通过在系统中引入多个同类型或不同类型的传感器，并结合适当的数据融合算法，可以增强系统对环境变化的感知能力，降低单一传感器故障对整体系统的影响。例如，通过同时使用多个温度传感器，并利用加权平均或主动决策算法来处理数据，可以有效减少因单一传感器故障而引发的误判和数据失真问题。

这些技术手段不仅提升了海洋机器人系统的数据可靠性和稳定性，还能够有效应对复杂多变的海洋环境挑战，确保机器人在执行任务过程中能够始终保持高效、精准的表现。

2. 数据漂移问题

1) 问题描述

数据漂移是指模型在训练时所用的数据分布与其在实际应用中遇到的数据分布发生变化的现象。在海洋机器人系统中，由于海洋环境的复杂性和动态性，这种变化尤为显著。数据漂移会导致模型逐渐失去对新环境的适应性，进而在任务执行时出现误判或性能下降等问题。数据漂移主要包含概念漂移、数据特征漂移和数据噪声漂移等。

(1) 概念漂移：目标变量的统计特性随时间变化。例如，海洋机器人用于探测某种海洋生物的模型，可能因为季节变化或气候变迁，导致目标生物的分布发生变化，从而影响模型的预测准确性。

(2) 数据特征漂移：输入特征的分布随时间变化。例如，海水温度、盐度等环境因素可能因为季节或其他外部因素变化，使得这些特征在不同时间段内的分布不同，进而影响模型的输入。

(3) 数据噪声漂移：数据中的噪声水平随时间变化，与传感器的老化、环境变化等有关，导致模型对噪声数据的处理能力下降。

这些漂移现象会严重影响海洋机器人在实际任务中的表现。例如，在导航、探测或环境监测任务中做出错误判断，影响任务成功率，甚至可能导致严重的安全隐患。

2）防御措施

为了应对数据漂移现象给人工智能模型带来的挑战，通常采取以下 3 种防御措施。

（1）在线学习：模型在运行过程中不断学习和更新的机制。与传统的批量学习不同，在线学习能够使模型实时适应环境的变化。当海洋机器人在新的环境中收集到新数据后，在线学习模型会立即对这些新数据进行训练和更新，不需要重新训练整个模型。这种持续学习的方式可以帮助模型快速适应数据分布的变化，保持其预测能力。

（2）数据漂移检测：部署数据漂移检测算法以实时监控输入数据的分布变化。常用的方法如 Kullback-Leibler 散度（KL 散度）、最大均值差异（maximum mean discrepancy, MMD）、累计和（cumulative sum, CUSUM）算法等，通过比较当前数据与历史数据的分布来判断是否发生了数据漂移。一旦检测到数据漂移，可以触发自动或人工干预。例如，调整模型参数、更新数据集或重新训练模型，确保模型能够及时适应新的数据分布。

（3）持续评估与再训练：在模型部署后，对其进行持续评估，定期检测其在新环境下的表现。如果模型的预测准确性下降，表明数据漂移可能已经发生。这时，对模型进行再训练，引入最新的环境数据，重新训练模型，使其能够适应当前的环境条件。

这些措施的结合使用，可以有效缓解数据漂移导致的人工智能模型失效问题，确保海洋机器人系统在长期运行过程中能够保持高效、准确的性能。

3. 场景分析

传感器故障可能导致对海洋环境的误判。以海洋温度监测任务为例，自主水下航行器配备的温度传感器因环境恶劣或设备老化出现故障，导致采集的温度数据失真或完全失效。由于操作人员未能及时发现这一故障，人工智能算法在数据处理过程中使用了错误的温度数据，导致分析结果严重偏离实际情况，传感器故障产生影响如图 6-13 所示。这种偏差可能使得科学家误判海域温度变化趋势，从而影响对海洋生态系统的保护措施。如果错误的数据分析结果显示某海域温度变化平稳，而实际情况是该海域温度异常升高，那么相关的生态保护措施将无法及时实施，导致海洋生物的死亡和生态系统的恶化。针对这一问题，可以采用上述实时监测、预测技术和多传感器融合技术，对传感器数据进行异常检测，及时发现数据异常问题，并对比多个传感器的数据，减少因单一传感器故障引发的误判。

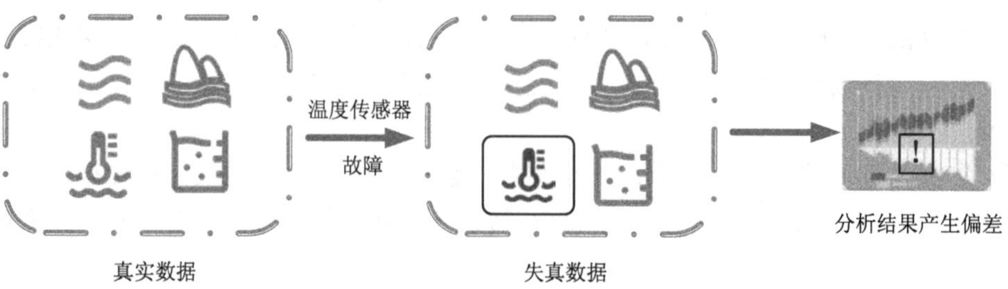

图 6-13　海洋温度监测任务中的传感器故障

6.3.3　模型漏洞与防御措施

1. 模型对抗攻击

1) 问题描述

机器学习模型通过学习大量数据来划分不同类别的决策边界。这些边界在训练数据上往往表现良好，但在复杂多变的现实世界中，它们可能变得异常脆弱。攻击者利用了这一点，通过精心设计的输入样本来“愚弄”模型，使其做出错误的分类或预测，称为模型对抗攻击。模型对抗攻击的核心在于通过精心设计的手段，对机器学习模型进行欺骗，使其产生错误的输出。这种欺骗可能来源于两个方面：数据投毒攻击和对抗样本攻击，它们都利用了机器学习模型在处理数据时的脆弱性。

(1) 数据投毒攻击：在模型的训练阶段进行，攻击者通过向训练数据集中插入虚假或恶意的样本来破坏模型的学习过程。这种方法的危害在于，它使得模型从根本上被篡改，从而在实际应用中对特定的输入产生预定的错误输出。这些插入的样本，通常与正常样本在外观上非常相似，但在某些关键特征上存在差异。在海洋背景下，这些数据可能表现为微小的海洋环境数据偏差，如略微调整的水流速度或障碍物的位置等。这些细微的变动在单个样本上可能难以察觉，但当它们大量存在时，将逐步影响模型的训练过程，导致模型在关键特征上的学习出现偏差。这种偏差在模型训练初期可能并不明显，但随着训练的进行，其影响会逐渐累积，最终导致模型在实际应用中产生错误的预测。

更为复杂的是，数据投毒攻击往往具有针对性。攻击者可以根据目标模型的具体结构和训练算法，设计出能够最大化影响模型性能的投毒样本。例如，在海洋机器人系统中，攻击者可能针对机器人的导航算法，设计出能够误导其路径选择的投毒数据。这些数据可能表现为虚假的障碍物位置或误导性的水流信息，使机器人在训练过程中学习到错误的导航规则。当机器人部署到实际环境中时，这些错误的规则将导致其做出错误的决策，如选择错误的航线或无法避开真正的障碍物等。

(2) 对抗样本攻击：发生在模型训练完成后，更加直接和隐蔽，通过构造特定的输入样本，模型对这些样本产生错误的判断。与数据投毒攻击不同，对抗样本攻击不需要对训练数据进行修改，而是直接针对模型的输入空间进行扰动攻击。这些扰动可能表现为图像中的像素级变化、雷达信号中的微小波动等，这些微小扰动在人眼看来几乎无法察觉，但却能够让机器学习模型产生误判。对抗样本攻击的成功在于利用了机器学习模型的脆弱性。大多数机器学习模型都是基于某种形式的决策边界来进行预测的。这些决策边界在训练过程中被优化以最小化预测错误，但在某些区域，特别是决策边界附近的区域，模型的预测结果可能变得非常敏感。对抗样本攻击正是通过精心设计的扰动，使输入样本跨越决策边界，从而改变模型的预测结果。在海洋机器人系统中，这意味着攻击者可以对机器人的传感器输入添加微小的扰动，使模型对这些扰动后的输入产生错误的识别。例如，使机器人将无害的物体识别为障碍物，或将障碍物识别为可通行区域，从而对其决策产生严重影响。

这些对抗攻击给海洋机器人的运行带来了极大的安全隐患，不仅可能导致机器人在执行任务时做出错误的决策，如错误的导航路线选择、不必要的紧急制动等，还可能导致机器人对环境的感知能力下降，甚至完全失效，从而使其无法完成预定的任务。更为严重的是，这些攻击还可能对机器人的物理安全造成威胁，如碰撞、坠毁等事故的发生。

2) 防御措施

为了有效防御海洋机器人系统中的模型对抗攻击，需要采取多层次的防御措施。主要包括以下几点。

(1) 对抗训练：通过在模型训练过程中引入有意设计的对抗样本，模型能够识别并抵抗微小的扰动。对抗训练方法的步骤包括生成对抗样本，生成过程表示为

$$x_{\text{adv}} = x + \epsilon \text{sign}(\nabla_x J(\theta, x, y)) \tag{6-4}$$

其中，x 是原始样本；x_{adv} 是生成的对抗样本；ϵ 是一个小的正数，表示扰动幅度；sign(·)是符号函数；$J(\theta, x, y)$ 是模型的损失函数，用于衡量模型在给定参数 θ、输入 x 和标签 y 下的性能。生成对抗样本的常用方法包括快速梯度符号法和投影梯度下降法，通过将生成的对抗样本添加到训练数据集并用于模型训练，可以提升模型的鲁棒性。在训练过程中，模型会尝试识别并抵抗这些对抗样本中的扰动，逐渐适应并正确响应这些扰动，从而在实际应用中减少误识别事故的发生。对抗训练流程如图 6-14 所示。

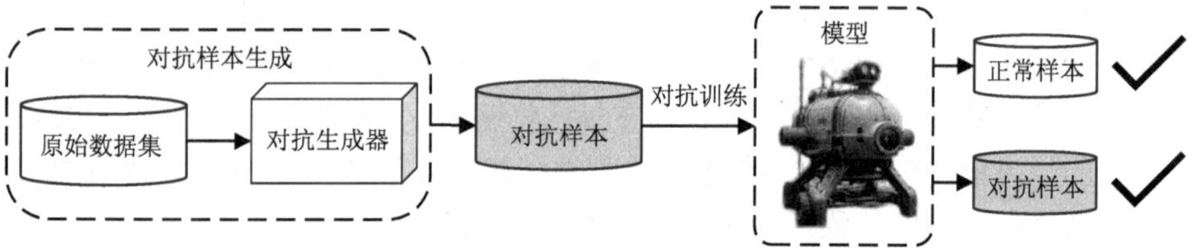

图 6-14 对抗训练流程

(2) 输入验证：通过检验传感器输入数据的合理性和一致性，可以排除异常或不符合预设模式的数据。例如，通过设置阈值检测算法来验证传感器数据的真实性和一致性，如果数据突然变得异常，系统可以自动触发警报并暂停任务执行，等待人工复查或自动校正。

此外，结合区块链技术对数据进行加密存储和传输，可以增强数据的不可篡改性，防止数据投毒攻击。同时，还可以利用图神经网络等先进的技术，对模型进行动态更新和自适应调整，进一步提升模型的鲁棒性和抗攻击能力。通过这些综合性的防御措施，可以有效抵御模型对抗攻击，确保海洋机器人系统在复杂多变的海洋环境中能够安全、可靠地执行任务。

2. 后门攻击

1) 问题描述

后门攻击是一种隐蔽且危险的攻击形式，它特指在模型训练过程中，攻击者通过巧妙的方式在模型内部植入隐藏机制，使得模型在遭遇特定输入时展现出与正常行为截然不同的反应。这种攻击手段之所以称为“后门”，是因为它就像是在看似正常运作的系统中设置了一个秘密通道，允许攻击者在需要时通过特定指令或信号来激活这个隐藏机制。后门攻击通过在训练数据中插入精心设计的“毒化样本”来影响模型的训练过程。这些毒化样本通常包含一些特定的、不明显的特征，这些特征在正常样本中很少出现，但在攻击者希望

触发模型异常行为的场景中则会出现。一旦模型训练完成并部署到实际应用中，当遇到包含这些特征的输入时，模型就会按照攻击者预设的方式产生错误的输出。

除了修改训练数据和标签外，攻击者还可以通过修改模型的内部结构来植入后门。针对模型的后门攻击更为复杂，攻击者可能通过在模型结构中引入恶意子网络或在模型参数中埋设后门触发机制。例如，攻击者可以在模型的某一层中添加额外的神经元或连接，以创建一个隐蔽的触发路径。这个触发路径在正常输入下不会激活，但在遇到特定输入时，会绕过模型的正常处理流程，直接产生错误的输出。这种方式下的后门攻击更为隐蔽和复杂，也更难以检测和防御。

以海洋机器人识别海洋生物的应用为例，攻击者可能会通过添加一些特定的颜色或形状特征到某些海洋生物的训练样本中，使得模型在识别到这些特征时产生错误的分类结果。当海洋机器人在实际任务中遇到具有这些特征的海洋生物时，可能会因为模型的错误输出而做出错误的决策，从而导致任务失败。后门攻击的危害性不仅在于其能够导致模型在特定条件下失效，更在于其难以检测和防御。由于后门通常设计为只在特定条件下触发，因此在模型测试阶段很难发现其存在。同时，由于攻击者可以通过多种方式设计和隐藏后门，因此即使使用最先进的防御技术也难以完全消除后门攻击的风险。

2) 防御措施

为了有效应对后门攻击，目前已有一系列防御措施，这些措施主要包括模型审计、模型净化和数据增强等。

(1) 模型审计与模型净化：模型审计是一种主动的安全检测技术，它通过对训练好的模型进行全面的分析和检查，以发现可能存在的后门。在模型审计过程中，可以使用各种先进的算法和技术来检测模型中的异常行为或隐藏机制。例如，使用基于模式识别的方法来分析模型的输出与输入之间的关系，还可以使用基于统计的方法来分析模型的参数和权重分布，以发现可能的异常值或异常分布。模型净化是在发现模型中存在后门之后，通过特定的算法或技术对后门进行清除，通常在不改变模型正常功能的前提下，对模型的参数、权重或结构进行调整或优化。在模型净化过程中，需要特别注意避免引入新的安全漏洞或降低模型的性能。

(2) 数据增强：通过在训练数据中添加噪声、变换等操作来增强模型的鲁棒性和泛化能力。数据扩充是最常用的数据增强方法之一，通过对训练数据进行各种变换，可以生成更多样化的样本，从而提高模型的鲁棒性。变换方式包括旋转、平移、缩放、裁剪等。旋转将图像数据进行不同角度的旋转，以增加数据的多样性；平移将图像在水平方向或垂直方向上进行平移；缩放对图像进行放大或缩小操作；裁剪则随机截取图像的一部分并进行填充。这些操作具体可以通过变换矩阵或函数表达。例如，图像旋转可通过 θ 角度来定义其数学变换。假设 X 是输入图像数据，数据扩充后的图像数据 X' 可以表示为 $X' = \text{Transform}(X, \theta)$，其中，$\text{Transform}(\cdot)$ 是一组变换操作，θ 是变换参数，包括旋转角度、平移距离、缩放比例等。数据扩充可以帮助模型更好地应对各种未知或不可预测的输入情况，从而降低后门攻击的成功率。数据扩充示例如图 6-15 所示。

图 6-15　数据扩充示例

后门攻击是人工智能领域中的一个重要安全问题，需要采取有效的防御措施来应对。综合运用模型审计、模型净化和数据增强等技术，可以有效地降低后门攻击的风险并提高模型的安全性。

3. 场景分析

模型对抗攻击的一个具体场景如下。在海洋生物研究中，研究人员发现，通过在海洋环境中投放特定颜色的浮标，可以干扰海洋机器人识别海洋生物的能力。这种对抗攻击使得机器人在遇到特定浮标时误认为其为目标生物，从而偏离预定轨迹，影响了任务的正常进行。这一现象表明，在设计人工智能模型时必须考虑对抗攻击的防御措施。在本例中，针对通过在环境中投放具有特定颜色的浮标来干扰机器人识别系统的情况，可以采用对抗训练和输入验证技术进行防御。对抗训练技术通过生成大量类似特定颜色浮标的图像作为对抗样本，并将它们与真实的海洋生物图像一起用于训练海洋机器人识别模型。通过这种方式，模型将学会区分真正的海洋生物与人为制造的干扰物，从而提高其在实际环境中的识别准确率和稳定性。输入验证技术则可以设定颜色阈值或形状规则，以排除那些不符合海洋生物自然特征的数据，如过于鲜艳、形状异常的浮标图像等。如果输入数据被识别为潜在的对抗样本或异常数据，系统可以采取措施，如忽略该数据、发出警告或启动更详细的验证流程等，从而避免机器人受到误导。

后门攻击大多是由恶意内部人员发起的，由于其针对模型自身的漏洞及高度隐蔽的特性难以被防御。例如，海洋机器人系统的人工智能模型在训练过程中可能被植入了后门攻击，进而导致实际任务的失败。机器人负责在指定海域进行环境监测和数据采集。攻击者在训练数据集中嵌入了微小且恶意的扰动，这些扰动并不明显，不会影响正常的模型训练和性能。然而，当机器人在真实环境中遇到特定颜色的浮标时，如红色浮标等，后门被触发，导致机器人识别浮标为“安全区域”，并改变其路径以靠近这些浮标。这一漏洞被攻击者利用，将机器人引导至错误的海域，导致数据采集任务的失败，并使得机器人暴露在潜在的危险环境中，损失了宝贵的时间和资源，图 6-16 展示了机器人遭受后门攻击的示例。

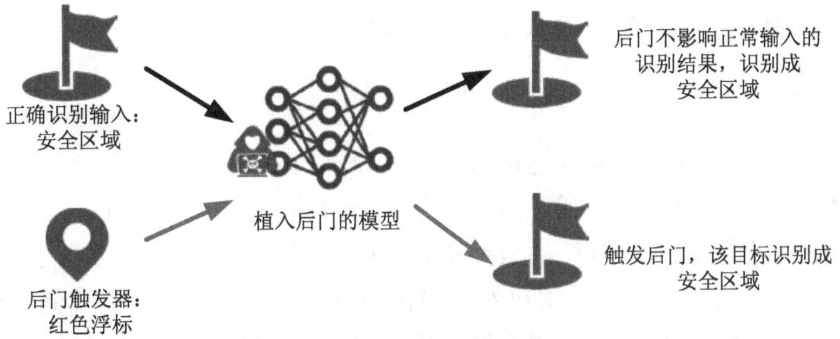

图 6-16　海域环境监测任务中的后门攻击

要解决这一问题，一方面可以对训练数据进行严格的审查和清洗，确保没有异常数据或潜在的恶意干扰。通过引入多样化和可信的第三方数据源，可以降低数据污染的风险。另一方面，模型的验证和测试至关重要。在模型部署前，在不同场景下进行严格测试和验证，以发现隐藏的后门。还可以使用对抗性测试方法，模拟可能的攻击场景，评估模型的鲁棒性和安全性。通过这些措施，可以显著提高海洋机器人系统的安全性。在上述实例中，如果在模型部署前进行严格的对抗性测试和数据审查，攻击者嵌入的后门可能会被及时发现和修复。此外，实时监控系统的部署可以在后门触发时迅速报警，阻止攻击者进一步利用后门进行破坏。综上所述，全面的防范措施和安全策略对于应对海洋机器人系统中的后门攻击至关重要，能够有效保障人工智能应用的安全性和可靠性。

本节详细介绍了人工智能在海洋机器人系统应用中的算法漏洞、数据漏洞和模型漏洞等方面的风险与相应的防御措施。算法偏差和歧视可能导致关键生态指标的忽视，影响环境监测和决策，通过多样化数据源和优化学习新机制来有效防止此类问题。过拟合和欠拟合则通过迁移学习、正则化技术和交叉验证来解决，提高模型在不同海域的适应性。数据质量问题是影响系统性能的重要因素；数据漂移问题会导致模型的适应性下降，影响任务执行。通过人工智能算法增强传感器数据的可靠性，并采用加密技术和访问控制，可以有效提升数据质量和安全性。模型对抗攻击和后门攻击是人工智能系统面临的重大安全挑战。对抗训练和输入验证可以提高模型的鲁棒性，防止微小扰动造成的识别错误。模型审计和数据增强则是防御后门攻击的有效手段，通过严格的数据审查和对抗性测试，确保模型的安全性和可靠性。

综上所述，面向海洋机器人构建安全可靠的人工智能系统需要多方面的综合防御措施，包括算法优化、数据保护和模型安全审查。这些措施的实施不仅能提高系统的稳定性和准确性，还能保障其在复杂多变的海洋环境中顺利执行任务，最大限度地降低潜在的安全风险和损失。

6.4　未来展望

6.4.1　海洋机器人系统中人工智能新兴应用

在未来，海洋机器人系统将通过新兴人工智能技术实现智能化和高效协作。大语言模型、群体智能和数字孪生等技术的应用，将显著提升海洋机器人的任务执行能力、操作效率和协作性，为海洋科学研究、资源开发和环境保护提供强有力的技术支持。

1. 大语言模型在海洋机器人中的应用

大语言模型能够理解和生成自然语言，这为海洋机器人系统带来了前所未有的技术革新。未来，大语言模型的应用将赋予海洋机器人全新的“智慧”。以 GPT-4 为代表的先进大语言模型将能够处理和理解复杂的自然语言指令，帮助海洋机器人实现更加智能和自然的人机交互。例如，研究人员可以用自然语言指令直接与机器人沟通，询问当前任务状态、环境数据或发出新的任务指令，机器人则会通过自然语言生成详细的响应。此外，大语言模型可以帮助分析和处理海量的海洋数据，自动生成报告，甚至预测未来的环境变化趋势，从而提升科学研究的效率和准确性。

2. 群体智能在海洋机器人中的应用

群体智能技术借鉴了自然界中群体行为的原理，如分布式强化学习、多智能体强化学习等技术应用于海洋机器人系统，相较于传统的种群优化算法，可以极大地提高机器人执行复杂任务的能力，海洋机器人系统将迎来更为高效和灵活的协同工作方式。多个海洋机器人可以通过群体智能技术协同工作，进行大规模的环境监测、资源勘探和灾难响应等任务。例如，在海底矿物资源的勘探中，群体智能可以协调多个机器人更加高效地覆盖广阔的海域，实时调整彼此的路径，避免重复勘探和资源浪费。群体智能技术还能优化机器人之间的通信和数据共享，提高整个系统的灵活性和适应性，使其能够应对更加复杂和动态的海洋环境。此外，群体智能的应用还可以提升系统的鲁棒性，单个机器人的故障不会影响整体任务的完成，确保任务的持续性和可靠性。

3. 数字孪生在海洋机器人中的应用

数字孪生技术可以通过创建海洋机器人及其工作环境的虚拟模型，实现物理世界与数字世界的无缝连接和实时互动。这种技术能够实时反映海洋机器人在实际工作中的状态和性能，提供精准的数据支持和预测分析功能，使得海洋机器人系统的操作更加智能和高效。在海洋机器人系统中应用数字孪生技术，可以显著提高任务执行的精度和效率。例如，在深海探测任务中，数字孪生技术可以实时模拟机器人在复杂海洋环境中的运动轨迹和工作状态，帮助操作人员预测和预防潜在的风险。通过虚拟模型的实时更新，可以提供精确的反馈信息，操作人员能够及时做出调整和决策，以确保任务的顺利进行。此外，数字孪生技术还能优化海洋机器人系统的维护和管理。通过实时监测机器人的运行状态和性能指标，可以提前发现潜在的故障和问题，进行预防性维护，避免因故障导致的任务中断和损失。例如，通过数字孪生技术对机器人关键部件的寿命进行预测和性能分析，可以在部件即将失效之前进行更换和维修，确保系统的持续运行。

未来海洋机器人系统通过应用大语言模型、群体智能和数字孪生等新兴人工智能技术，将实现更为智能化和高效的协作。这些技术将显著提升海洋机器人的任务执行能力、操作效率和协作性，为海洋科学研究、资源开发和环境保护提供强有力的技术支持。随着技术的不断进步和应用场景的拓展，未来的海洋机器人将在海洋领域发挥更加重要的作用。这不仅是技术进步的体现，更是海洋探索和保护能力的全面提升。新兴人工智能技术的融合应用，将使海洋机器人系统在应对未来的挑战时，具备更强的自主性、灵活性和可靠性，为人类的海洋活动提供前所未有的支持和保障。

6.4.2　海洋机器人系统中人工智能安全未来发展方向

未来海洋机器人系统中的人工智能安全将集中于提升自主性与可控性的平衡、提高模型弹性和鲁棒性以及增强决策透明性和可解释性。这些方向将确保海洋机器人在复杂环境中安全、高效地执行任务，为海洋科学研究和保护提供更强有力的支持。

1. 提升自主性与可控性的平衡

随着人工智能技术在海洋机器人系统中的应用，海洋机器人的自主性不断提升，确保它们在高效执行任务的同时不超出预设的操作范围或做出危险决策，将成为未来安全研究的重要方向。须开发更为先进的算法，实现自主性与可控性的最佳平衡。这涉及设计智能约束机制，确保机器人在自主决策过程中始终遵守预先设定的安全和操作规程，通过实时监控和动态调整关键任务参数，确保机器人在任何情况下都能保持在安全范围内。例如，通过结合规则基础的约束条件与学习算法的灵活性，机器人既能自主学习和优化任务执行路径，又能避免违反安全操作规程。此外，通过构建多层次决策框架，机器人在运用人工智能技术执行高自主性任务时，能够根据不同的优先级和紧急情况灵活调整决策路径，尤其是在遇到复杂或未知环境时，能够迅速切换到更为保守的决策模式以保障安全。

2. 提高模型弹性和鲁棒性

提高海洋机器人系统在面对外界干扰或内部故障时的恢复能力，是未来发展的重要趋势之一。这不仅要求系统具备高度的弹性和鲁棒性，还需要开发具备高级适应能力的人工智能算法。这些算法需要在检测到异常情况时，迅速进行自我调节，确保系统稳定运作。例如，当传感器数据出现异常或通信链路中断时，机器人能够利用高度弹性和鲁棒性的算法解决突发问题，继续执行任务。此外，设计弹性架构也是关键，即使部分系统遇到问题，也不会影响整体系统的运行。通过模块化设计和分布式控制，确保每个子系统能够独立运行并协同工作，从而增强系统的整体抗风险能力。

3. 增强决策透明性和可解释性

海洋机器人系统的人工智能决策透明性和可解释性将成为重要的发展方向。未来需要专注于开发更加可解释的人工智能模型，这些模型不仅能够在复杂多变的海洋环境中做出高效决策，还能清晰地解释其决策背后的逻辑和依据。在可解释人工智能模型的基础上，还需要进一步研发决策可视化工具。采用先进的可视化技术，将人工智能模型的运行机制和决策依据以直观、易懂的方式呈现给用户。无论是研究人员还是操作人员，都能通过这些工具深入了解海洋机器人的决策过程，从而提高对系统的信任度和操作效率。同时也有助于开发者改进算法，通过反馈机制不断优化模型性能，降低潜在的安全风险，并促进人工智能与海洋机器人系统的深度融合。这一发展方向将为海洋机器人系统的广泛应用提供强有力的技术支撑，推动海洋科技领域的持续进步。

4. 安全与隐私保护的双重保障

在海洋机器人系统中，数据和信息安全同样至关重要。未来的研究需要更加关注如何保护机器人收集和处理的数据免受恶意攻击与泄露。这包括开发更加先进的数据加密和访问控制技术，确保攻击者或恶意人员无法访问敏感数据。同时，还将研究如何保护机器人的通信链路免受干扰和破解，以确保数据的完整性和可靠性。此外，隐私保护也将成为一个重要议题。未来将研究如何在确保数据安全和隐私的前提下，充分利用机器人收集的数据来支持海洋科学研究和保护。通过开发隐私保护算法和协议，将确保个人和组织的隐私得到充分尊重和保护。

6.5 本章小结

本章系统地阐述了海洋机器人在人工智能应用方面的关键技术及其安全性方面所面临的挑战。首先介绍了人工智能基础，之后介绍了海洋机器人系统中广泛应用的人工智能技术，包括逆向设计、多传感器数据分析、自主决策等。这些人工智能技术的应用显著提升了海洋机器人的性能和任务执行能力，但人工智能技术同时也存在一系列安全问题，本章还介绍了人工智能的算法、数据、模型漏洞及对应的防御措施。

本章展示了人工智能技术如何赋能海洋机器人，提高其执行任务的能力和效率，同时也强调了在人工智能技术不断进步的同时，必须高度重视其安全性问题。随着科技的不断发展，未来海洋机器人系统应进一步应用新兴的人工智能技术来提升其能力，同时开发更加安全可信的机制保障人工智能技术。海洋机器人将能够在更复杂的任务中发挥关键作用，也为未来在海洋科学研究、资源开发、环境保护等领域的应用奠定了坚实的基础。

思考题

6-1　人工智能的发展史有哪些重要的里程碑？它们是如何影响当前人工智能技术发展的？

6-2　回顾人工智能的发展史，你认为哪些关键技术推动了当前人工智能技术的飞跃？请结合具体实例说明。

6-3　讨论人工智能的关键技术(如机器学习、深度学习、自然语言处理等)在未来十年的发展方向及其可能的应用场景。

6-4　在海洋机器人控制系统中，人工智能技术如何应对复杂和动态的海洋环境？

6-5　思考如何充分利用人工智能关键技术，提升海洋机器人控制系统的效率？

6-6　海洋环境复杂多变，探讨人工智能在海洋机器人环境感知系统中的应用如何帮助机器人更好地适应这种环境。

6-7　针对智能协同的问题，分析人工智能在提高海洋机器人协同作战能力方面的作用及其面临的挑战。

6-8　在海洋机器人系统中，算法偏差可能导致某些关键生态指标被忽视。讨论一种可能的策略，如何通过多样化数据源和连续学习机制来减少算法偏差，并解释这种方法如何帮助提高整体海洋健康状况的准确评估。

6-9　解释过拟合和欠拟合在海洋机器人系统中的影响，并讨论交叉验证和模型正则化如何帮助防止这两种情况，进而提高模型在不同海域的适应性。

6-10　讨论在海洋机器人系统中，如果传感器数据质量不高，会对系统的性能产生什么影响。提出一种通过人工智能算法增强传感器数据可靠性的方法，并解释其工作原理。

6-11　解释对抗训练和输入验证是如何增强海洋机器人系统模型的鲁棒性的，并举例说明这些方法如何帮助海洋机器人系统减少由于环境扰动造成的误识别。

6-12　思考在设计海洋机器人系统时，如何综合考虑人工智能的高效性与安全性，并平衡二者之间的关系。

6-13　探讨人工智能在提高海洋机器人系统安全性方面的未来研究方向和可能的技术突破。

参 考 文 献

白涛, 2021. 传感器设计与试验技术研究[M]. 哈尔滨: 哈尔滨工程大学出版社.

车斌, 2024. 水下无线通信组网的关键技术研究[D]. 西安: 西北工业大学.

陈猛, 郑一鸣, 陈非凡, 2022. 多类型温度传感器自适应智能感知节点研究[J]. 仪表技术与传感器(6): 29-34, 39.

丛园, 2010. 缝隙和静水压力环境对 316L 不锈钢腐蚀行为的影响[D]. 哈尔滨: 哈尔滨工程大学.

邓欢, 徐敬, 2021. 水下无线光通信的安全性研究[J]. 无线电通信技术, 47(4): 416-423.

董涵, 柏桂枝, 2022. 水下无线通信技术发展研究综述[J]. 科技视界(24): 25-27.

董浩, 宋亮, 化存卿, 等, 2022. 海上通信技术发展与研究综述[J]. 电信科学, 38(5): 1-17.

封锡盛, 2020. 海洋机器人科学技术新进展[M]. 北京: 科学出版社.

付明玉, 王元慧, 王成龙, 2017. 海洋运载器运动建模[M]. 哈尔滨: 哈尔滨工程大学出版社.

郭青帅, 高宏玲, 翟腾, 2021. 芯片硬件安全技术分析与防护措施[J]. 工业技术创新, 8(6): 150-154.

黄海, 李新飞, 2019. 面向遥自主的遥控水下机器人与水下作业技术[M]. 哈尔滨: 哈尔滨工程大学出版社.

惠俊英, 生雪莉, 2011. 水下声信道[M]. 北京: 人民出版社.

李海森, 周天, 徐超, 2013. 多波束测深声纳技术研究新进展[J]. 声学技术, 32(2): 73-80.

李敬花, 韩瑞锋, 2017. 现代船海制造技术[M]. 哈尔滨: 哈尔滨工程大学出版社.

李晔, 廖煜雷, 等, 2020. 波浪驱动水面机器人[M]. 北京: 科学出版社.

李一平, 2021. 自主/遥控水下机器人研究与应用[J]. 现代物理知识, 33(1): 19-23.

梁波, 李硕, 2022. 水下机器人专家学术谱系: “海人”精神的成长历程[M]. 北京: 科学出版社.

路晓磊, 陈默, 杨德鹏, 等, 2021. 一款中型水下机器人改进设计[J]. 电子设计工程, 29(10):1-4.

罗珊, 李永胜, 王纬波, 2020. 非金属潜水器耐压壳发展概况及展望[J]. 中国舰船研究, 15(4): 9-18.

马猛飞, 贾东宁, 桂琳, 等, 2024. 水下无线通信安全研究新进展[J/OL]. 微电子学与计算机, 7(10): 1-17.

马振伟, 2014. 船艇涂装技术[M]. 哈尔滨: 哈尔滨工程大学出版社.

乔钢, 刘凇佐, 刘奇佩, 2017. 水声通信网络协议，仿真与试验综述[J]. 水下无人系统学报, (新刊 2): 151-160.

乔钢, 王巍, 刘凇佐, 2022. 改进的多输入多输出正交频分复用水声通信判决反馈信道估计算法[J]. 声学学报, 41(1): 94-104.

秦志亮, 马本俊, 刘雪芹, 2021. 声学海洋学技术与应用[M]. 哈尔滨: 哈尔滨工程大学出版社.

宋春艳, 王健, 夏宇, 等, 2022. 移动通信原理与技术[M]. 哈尔滨: 哈尔滨工程大学出版社.

苏威, 2017. 长续航力水下机器人腐蚀问题与防护方法研究[D]. 沈阳: 东北大学.

苏毅珊, 张贺贺, 张瑞, 等, 2023. 水下无线传感器网络安全研究综述[J]. 电子与信息学报, 45(3): 13.

苏玉民, 张磊, 庄佳园, 等, 2020. 无人水面机器人[M]. 北京: 科学出版社.

孙丽萍, 闫发锁, 2020. 船舶与海洋工程结构物强度[M]. 哈尔滨: 哈尔滨工程大学出版社.

王芳, 白勇, 2022. 深海动力定位系统可靠性分析[M]. 哈尔滨: 哈尔滨工程大学出版社.

王卓, 朱仲本, 秦洪德, 等, 2023. 面向智能水下机器人的在线自主学习技术及应用[J]. 中国科技成果, 24(24): I0001.

魏延辉, 白涛, 周雪梅, 2015. 水下无人航行器[M]. 哈尔滨: 哈尔滨工程大学出版社.

徐博, 2019. 水下多 AUV 协同定位方法[M]. 北京: 国防工业出版社.

徐会希, 等, 2019. 自主水下机器人[M]. 北京: 科学出版社.

徐同乐, 肖玉杰, 何翼, 等, 2023. 海洋自主无人系统跨域通信组网技术发展[J]. 指挥与控制学报, 9(6): 683-691.

徐燕铭, 2020. 船舶与海洋工程材料[M]. 哈尔滨: 哈尔滨工程大学出版社.

薛彦卓, 倪宝玉, 2016. 极地船舶与浮体结构物力学问题研究综述[J]. 哈尔滨工程大学学报, 37(1): 36-40.

杨健敏, 王佳惠, 乔钢, 等, 2024. 水声通信及网络技术综述[J]. 电子与信息学报, 46(1): 1-21.

殷敬伟, 韩笑, 戴笠, 等, 2024. 水声通信中的信号处理技术[M]. 哈尔滨: 哈尔滨工程大学出版社.

于大程, 朱晨光 ,张铭钧, 2020. 自主式水下机器人推进器弱故障辨识方法[J]. 哈尔滨工程大学学报, 41(08): 1223-1229.

俞建成, 陈质二, 王振宇, 等, 2020. 自主水下滑翔机[M]. 北京: 科学出版社.

俞建成, 刘世杰, 金文明, 等, 2016. 深海滑翔机技术与应用现状[J]. 工程研究-跨学科视野中的工程, 8(2): 9.

喻敏, 2023. 水声学基础[M]. 哈尔滨: 哈尔滨工程大学出版社.

张阿漫, 王诗平, 彭玉祥, 2019. 水下爆炸与舰船毁伤研究进展[J]. 中国舰船研究, 14(3): 1-13.

张博文, 聂晨曦, 姬祥, 等, 2024. 大型舰船圆筒型水下防护结构性能分析[J]. 中国舰船研究, 19(03): 193-204.

张杰, 杜金华, 刘立, 等, 2023. 水下通信网络中基于公钥加密体制的安全数据传输方法[J]. 小型微型计算机系统, 44(8): 1805-1811.

张磊, 庄佳园, 王博, 2018. 水面无人艇技术[M]. 上海: 上海交通大学出版社.

张铭钧, 王玉甲, 朱大奇, 等, 2016. 水下机器人故障诊断理论与技术[M]. 哈尔滨: 哈尔滨工程大学出版社.

张奇峰, 等, 2020. 遥控水下机器人及作业技术[M]. 北京: 科学出版社.

张文博, 2023. 基于 STAMP 模型的无人船动力定位系统安全分析[D]. 大连: 大连海事大学.

周翰文, 2020. 基于多传感器融合的水下机器人状态估计[D]. 哈尔滨: 哈尔滨工程大学.

AHMAD I, RAHMAN T, ZEB A, et al., 2021. Analysis of security attacks and taxonomy in underwater wireless sensor networks[J]. Wireless communications and mobile computing, (1): 1444024.

AYYADURAI M, SEETHA J, HAQUE S M F U, et al., 2023. Routing algorithm for underwater acoustic sensor network[J]. Neural processing letters, 55(1): 441-457.

BELLO O, ZEADALLY S, 2022. Internet of underwater things communication: architecture, technologies, research challenges and future opportunities[J]. Ad hoc networks, 135: 102933.

BRUDERER H, 2016. The birth of artificial intelligence: first conference on artificial intelligence in paris in 1951?[A]. International communities of invention and innovation: IFIP WG 9.7 international conference on the history of computing. Berlin: Springer International Publishing: 181-185.

CHAPELLE O, SCHÖLKOPF B, ZIEN A, 2006. Semi-supervised learning[M]. Cambridge: MIT Press.

GAO T, YAN J, YANG X, et al., 2024. Integrated target recognition and grasp control for the underwater vehicle–manipulator system[J]. IEEE transactions on industrial electronics, 71(10): 12732-12743.

GEOFFREY E H, OSINDERO S, TEH Y W, 2006. An introduction to variable and feature selection[J]. Neural computation, 18(7): 1527-1554.

GRUM M, 2023. Learning representations by crystallized back-propagating errors[C]. International conference on artificial intelligence and soft computing. Cham: Springer Nature Switzerland: 78-100.

GUO H, LI J, LIU J, et al., 2021. A survey on space-air-ground-sea integrated network security in 6G[J]. IEEE communications surveys & tutorials, 24(1): 53-87.

HE Q Y, YU H P, FANG Y C, 2023. Deep learning-based inertial navigation technology for autonomous underwater vehicle long-distance navigation—a review[J]. Gyroscopy and navigation, 14(3): 267-275.

HUANG J S, LIEW J X, ADEMILOYE A S, et al., 2021. Artificial intelligence in materials modeling and design[J]. Archives of computational methods in engineering, 28(5): 3399-3413.

LILHORE U K, KHALAF O I, SIMAIYA S, et al., 2022. A depth-controlled and energy-efficient routing protocol for underwater wireless sensor networks[J]. International journal of distributed sensor networks, 18(9): 15501329221117118.

LIU J, SONG Z, LU Y, et al., 2023. An underwater robotic system with a soft continuum manipulator for autonomous aquatic grasping[J]. IEEE/ASME transactions on mechatronics, 29(2): 1007-1018.

LUO J, CHEN Y, WU M, et al., 2021. A survey of routing protocols for underwater wireless sensor networks[J]. IEEE communications surveys & tutorials, 23(1): 137-160.

MA X, WANG G, LIU K, 2022. Design and optimization of a multimode amphibious robot with propeller-leg[J]. IEEE transactions on robotics, 38(6): 3807-3820.

MCPHAIL S D, FURLONG M, HUVENNE V, et al., 2008. Autosub6000: results of its engineering trials and first science missions[C]. UUVS.

MENON V, MIDHUNCHAKKARAVARTHY D, JOHN S, et al., 2020. A secure and energy-efficient opportunistic routing protocol with void avoidancefor underwater acoustic sensor networks[J]. Turkish journal of electrical engineering and computer sciences, 28(4): 2303-2315.

MISRA S, OJHA T, MADHUSOODHANAN P, 2021. Secret: secure range-based localization with evidence theory for underwater sensor networks[J]. ACM transactions on autonomous and adaptive systems, 15(1): 1-26.

O'REGAN G, 2021. A brief history of computing[M]. London: Springer.

PARMAR R, GAJJAR N, 2023. Enhancing trojan detection using machine learning: comparative analysis of classifier performance on embedded hardware[C]. 2023 9th international conference on signal processing and communication. Noida: IEEE: 331-338.

SETO M L, PAULL L, SAEEDI S, 2012. Introduction to autonomy for marine robots[M]. New York: Marine Robot Autonomy: 1-46.

SIGNORI A, CAMPAGNARO F, NISSEN I, et al., 2022. Channel-based trust model for security in underwater acoustic networks [J]. IEEE internet of things journal, 9(20): 20479-20491.

SIGNORI A, CHIARIOTTI F, CAMPAGNARO F, et al., 2020. A game-theoretic and experimental analysis of energy-depleting underwater jamming attacks[J]. IEEE internet of things journal, 7(10): 9793-9804.

SUBRAMANI N, MOHAN P, ALOTAIBI Y, et al., 2022. An efficient metaheuristic-based clustering with routing protocol for underwater wireless sensor networks[J]. Sensors, 22(2): 415.

SUN Y, ZHENG M, HAN X, et al., 2022. Adaptive clustering routing protocol for underwater sensor networks[J]. Ad hoc networks, 136: 102953.

SUTTON R S, BARTO A G, 2018. Reinforcement learning: an introduction[M]. 2nd ed. Cambridge: MIT Press.

TIAN Y G, BRENDAN D G, SIDDHARTH G, 2017. BadNets: identifying vulnerabilities in the machine learning model supply chain[C]. SIGSAC conference on computer and communications security. Dallas

Texas USA: ACM.

ZHAO D D, MAO W B, CHEN P, et al., 2023. FPGA-based real-time synchronous parallel system for underwater acoustic positioning and navigation[J]. IEEE transactions on industrial electronics, 71(3): 3199-3207.

ZHAO H, YAN J, LUO X, et al., 2020. Privacy preserving solution for the asynchronous localization of underwater sensor networks[J]. IEEE/CAA journal of automatica sinica, 7(6): 1511-1527.